U0931069

上海市精品课程
高等教育"十二五"规划教材

机械制图及计算机绘图项目化教程习题集

（第二版）

朱培勤　主编

上海交通大学出版社

内 容 提 要

本习题集与本书作者主编、上海交通大学出版社出版的《机械制图及计算机绘图项目化教程》配套使用。所选习题充分考虑到高职高专相关专业的教学要求，努力做到在题型上将机械制图、计算机绘图及项目化教学有机地结合为一体。内容安排上，由浅入深、难易结合并密切联系生产实际。在习题数量上顾及不同专业、不同学时数的需求，作了合理安排和取舍。同时加强了计算机绘图、仪器绘图、徒手绘图、看图和测绘等能力的训练力度。

本习题集配合教材中八个项目所需的知识点进行编写，包括计算机绘图、几何作图、徒手绘图练习、立体的投影及立体表面的交线，组合体的画图、读图及尺寸标注，轴测图，机件图的各种表达方法，零件图，标准件和常用件，装配图练习等内容。本习题集与配套的项目一起练习，学习效果更好。

本习题集可作为高职高专机械类或近机械类各专业机械制图的教材，也适合本科院校近机械类专业学生、成人教育学生、工程技术人员自学等使用。

图书在版编目(CIP)数据

机械制图及计算机绘图项目化教程习题集/朱培勤主编. —2版. 上海：上海交通大学出版社，2015

ISBN 978-7-313-06604-6

Ⅰ. 机… Ⅱ. 朱… Ⅲ. ①机械制图—高等学校—习题 ②计算机制图—高等学校—习题 Ⅳ. TH126-44

中国版本图书馆 CIP 数据核字(2010)第 123157 号

机械制图及计算机绘图项目化教程习题集

(第二版)

朱培勤 **主编**

上海交通大学出版社出版发行

(上海市番禺路 951 号 邮政编码 200030)

电话：64071208 出版人：韩建民

上海天地海设计印刷有限公司 印刷 全国新华书店经销

开本：787mm×1092mm 1/横 8 开 印张：13.75 字数：165 千字

2010 年 9 月第 1 版 2015 年 7 月第 2 版 2015 年 7 月第 3 次印刷

ISBN 978-7-313-06604-6/TH 定价：33.00 元

前　　言

《机械制图及计算机绘图项目化教程习题集》与《机械制图及计算机绘图项目化教程》教材配套使用。本习题集是在“机械制图”和“计算机绘图”两门课程多年来教学基础上、上海市精品课程建设及国家示范性高等职业院校建设的基础上编写而成的。

本习题集力求紧扣教材、简明扼要，在“必需，够用”的前提下，以提高学生的素质和实际应用能力为指导思想，结合项目化教学，对习题类型和数量作了认真考虑和安排。

参加本习题集编写工作的有朱培勤、郑风、刘敏娟、倪军等。

编者在此向为本习题集编写给予关心、支持和帮助的各位同仁和朋友表示诚挚的感谢。

由于编者水平有限，书中有错误和不足之处，恳请专家、同仁及广大读者批评指正。

联系方式：zhupq@smic.edu.cn

编　者

2012年7月

目　录

项目一：CAD基本训练

1-1 用绘图软件绘制下列几何图形（不标注尺寸）	班级 学号 姓名

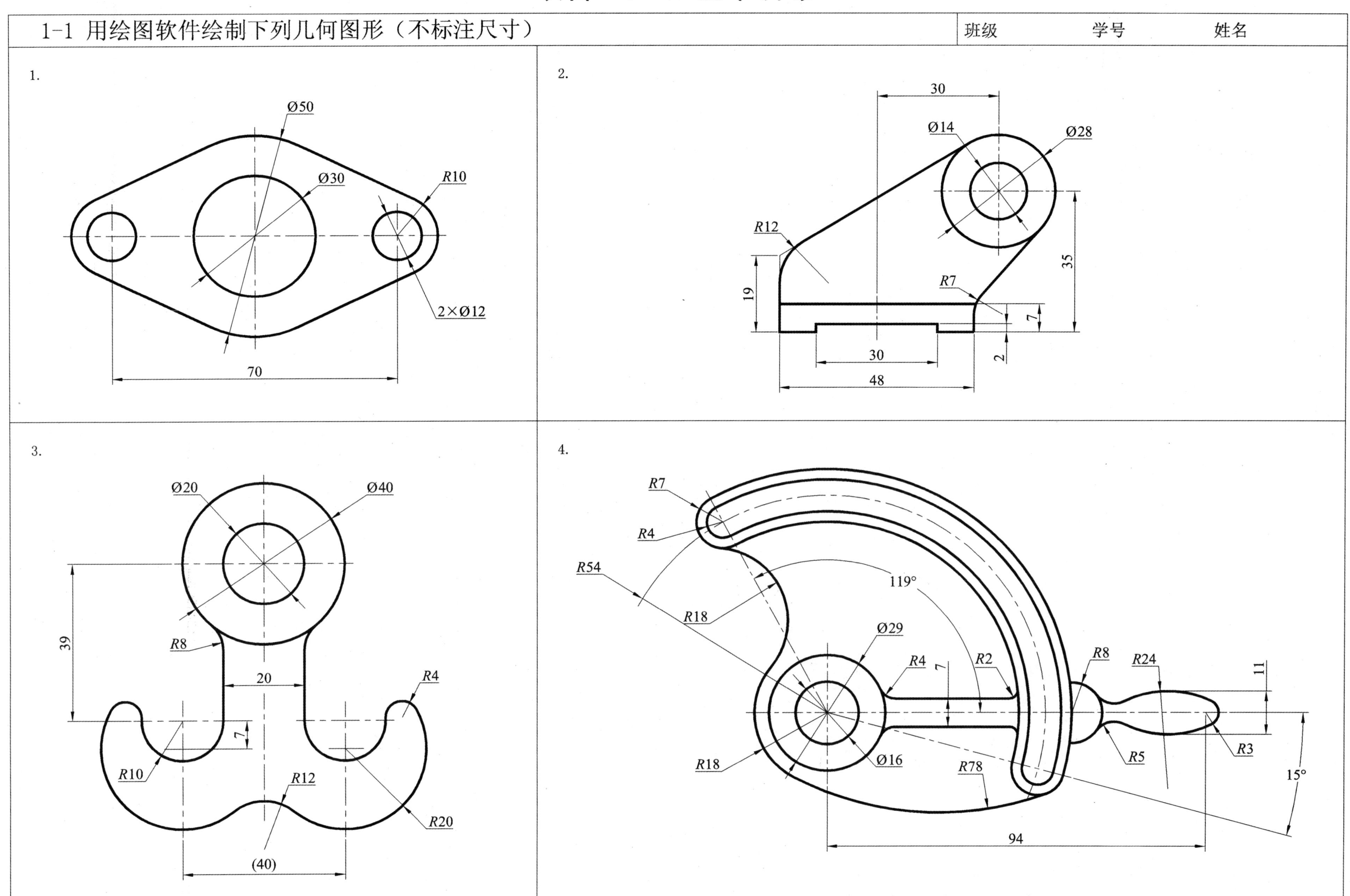

项目二：轴套类零件测绘与绘制

2-1 字体练习

班级　　学号　　姓名

1. 汉字练习.

机械图样汉字书写用长仿宋体应做到

字体端正笔划清楚排列整齐间隔均匀

写长仿宋体的要领横平竖直注意起落结构匀称填满方格

校核审定比例姓名材料班级技术要求序号重量备注其余

2. 数字与字母练习

1 2 3 4 5 6 7 8 9 0 A B C D E F G H

I J K L M N O P Q R S T U V W X Y Z

a b c d e f g h i j k l m n o p q r s t u v w x y z

α β γ δ θ φ ω Ω

Ⅰ Ⅱ Ⅲ Ⅳ Ⅴ Ⅹ Ⅻ

4-∅10 R3 2X45°

2-2 线型、比例、尺寸、斜度和锥度练习

班级　　　　学号　　　　姓名

1. 在指定位置，照样补画直线、圆、斜线

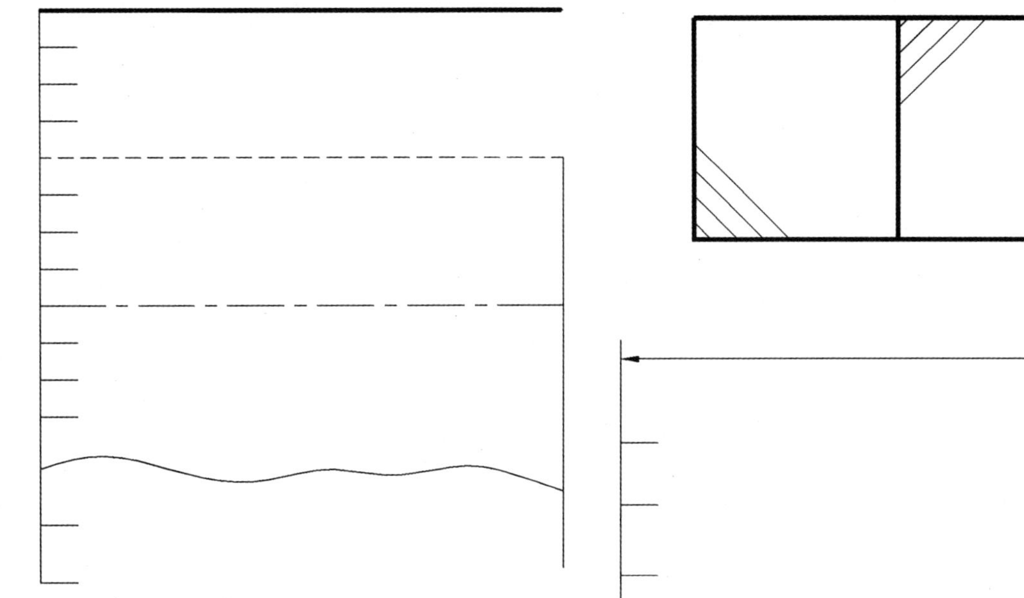

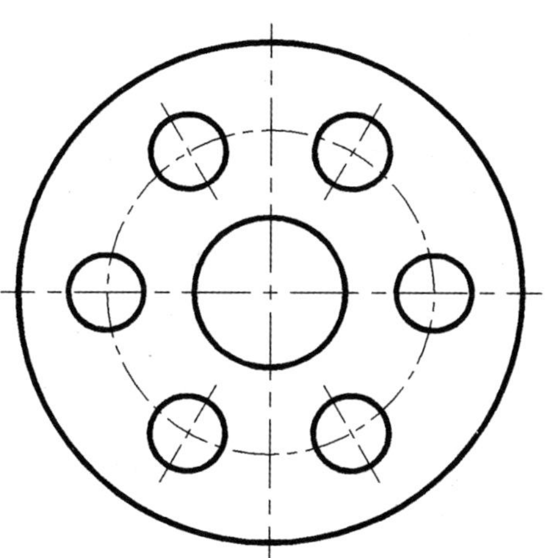

2.在指定位置，按1:2画出左图，并标注尺寸

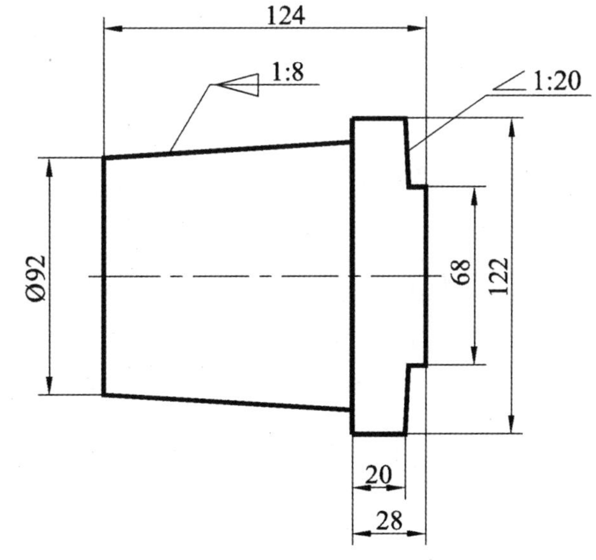

2-3 尺寸标注

班级　　　　　　学号　　　　　　姓名

1. 按所给图形1:1度量后标注尺寸（取整数）

(1)

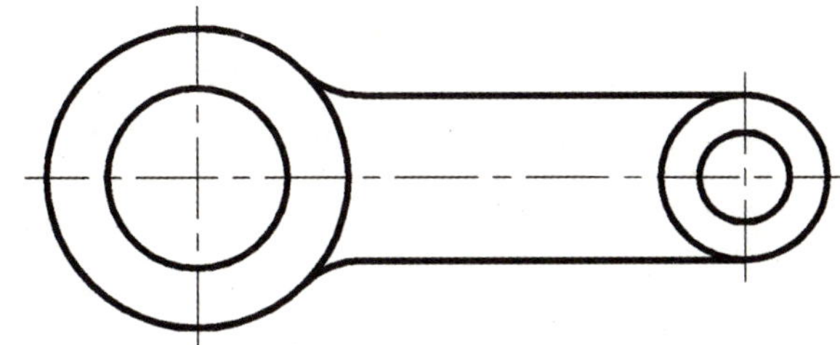

(2)

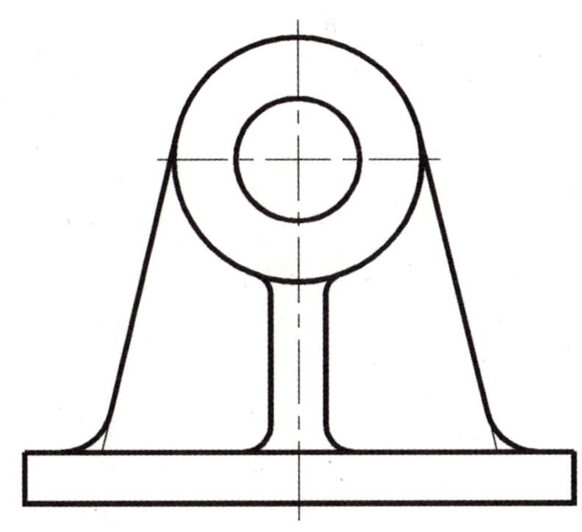

2. 将下列左图中尺寸标注的错误圈出，将正确的标在右图上

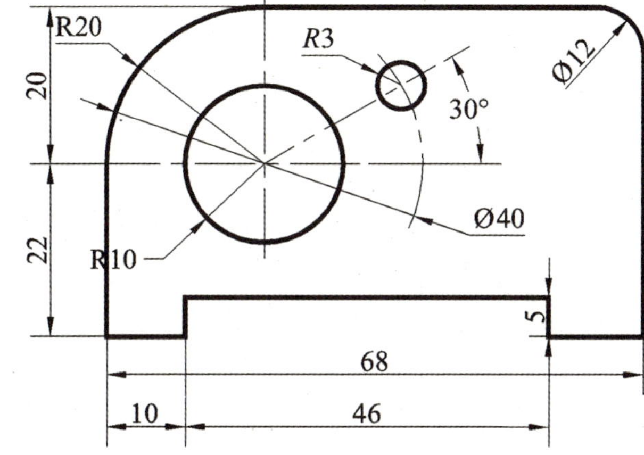

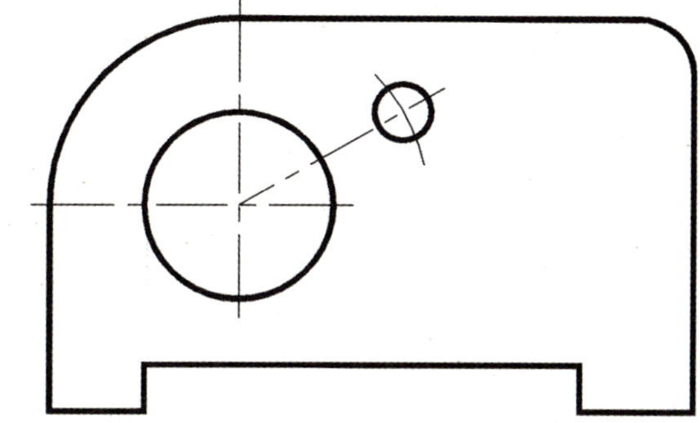

3. 将下列左图中尺寸标注的错误圈出，将正确的标在右图上

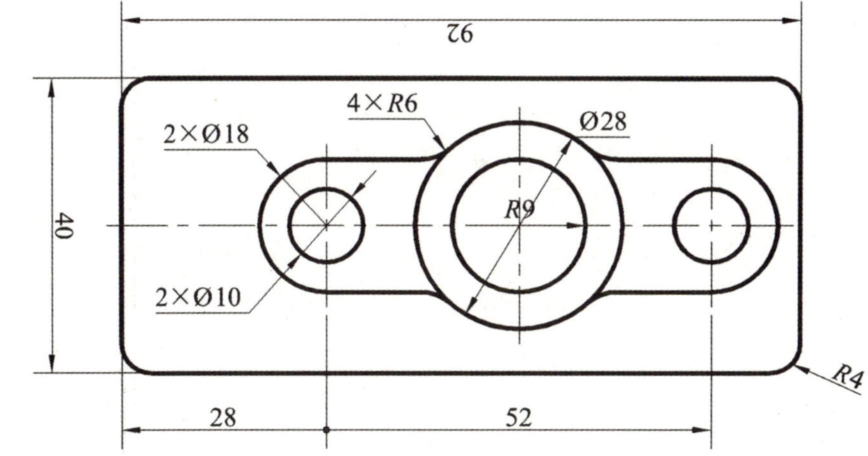

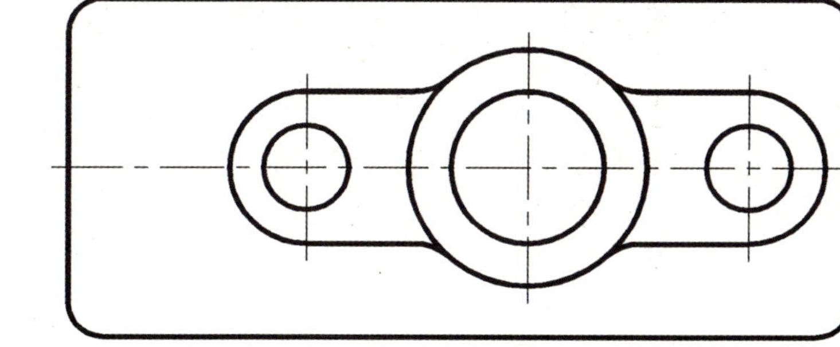

2-4 尺寸标注、圆弧连接及徒手绘图

班级　　　　学号　　　　姓名

1. 按1:1抄画下面几何图形（不注尺寸，保留作图线）

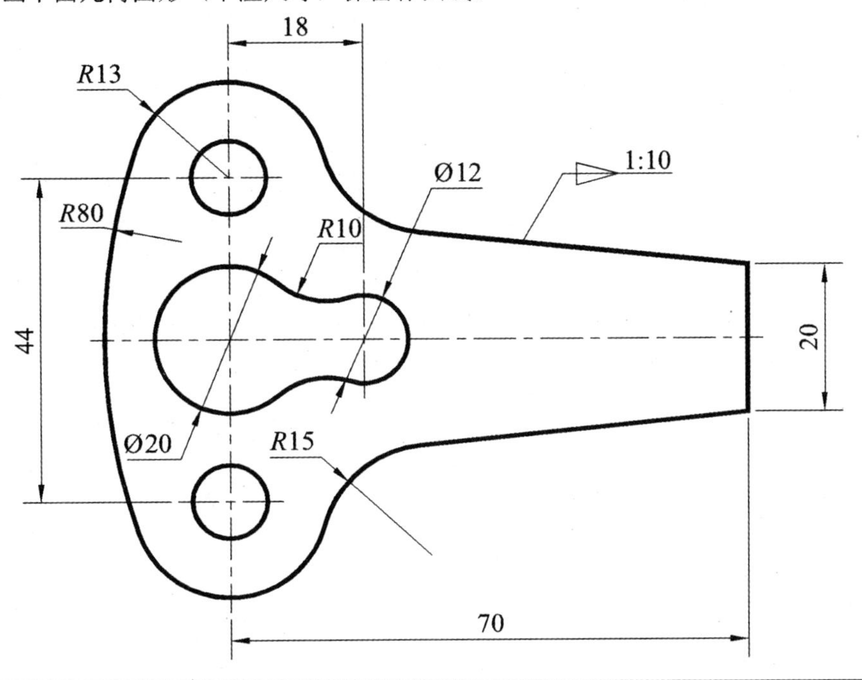

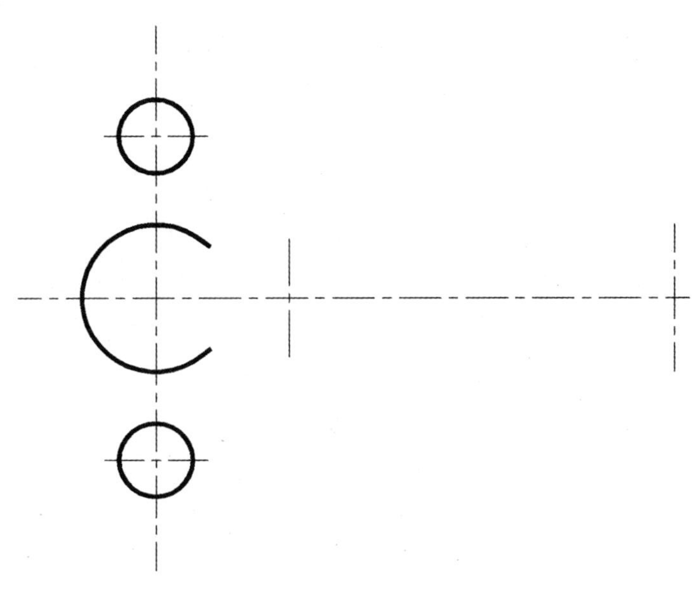

2. 按1:1在指定位置处画出该图形并标注尺寸

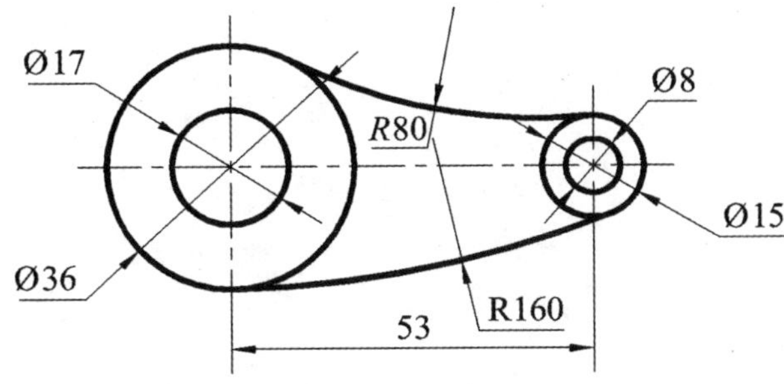

3. 徒手抄画下图，所抄图形画在右边指定位置（按目测大小，并注意正确使用线型）

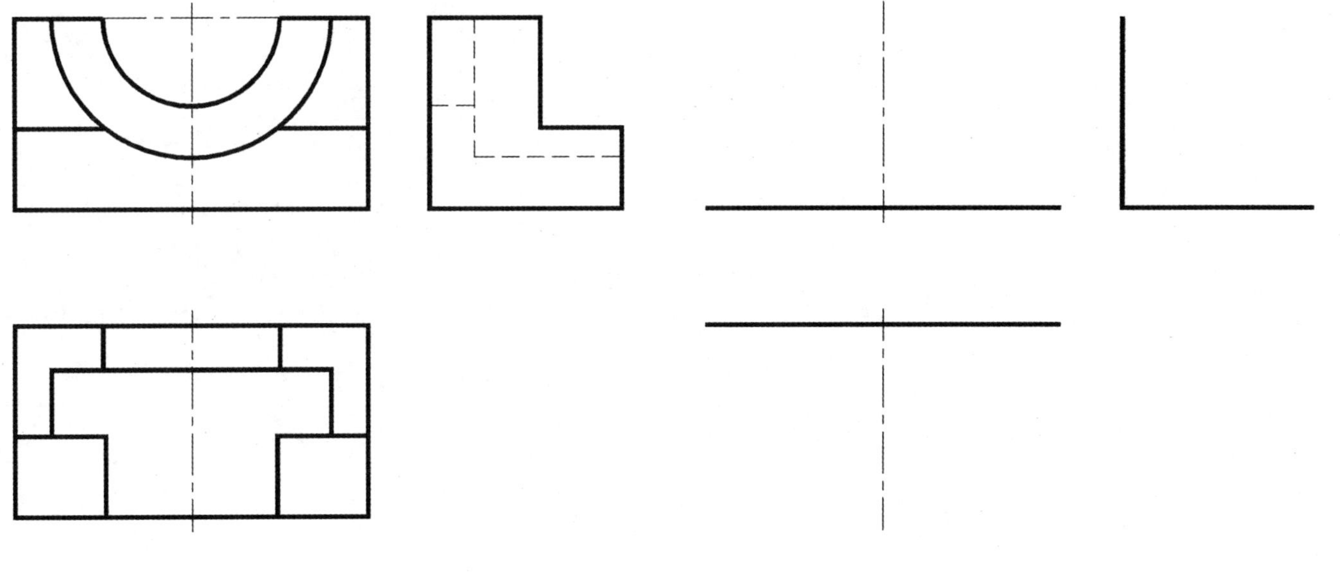

2-5 基本训练一

班级　　　　学号　　　　姓名

在A3图纸上用1:1画出如下两个图形（不标注尺寸），并正确填写标题栏内容

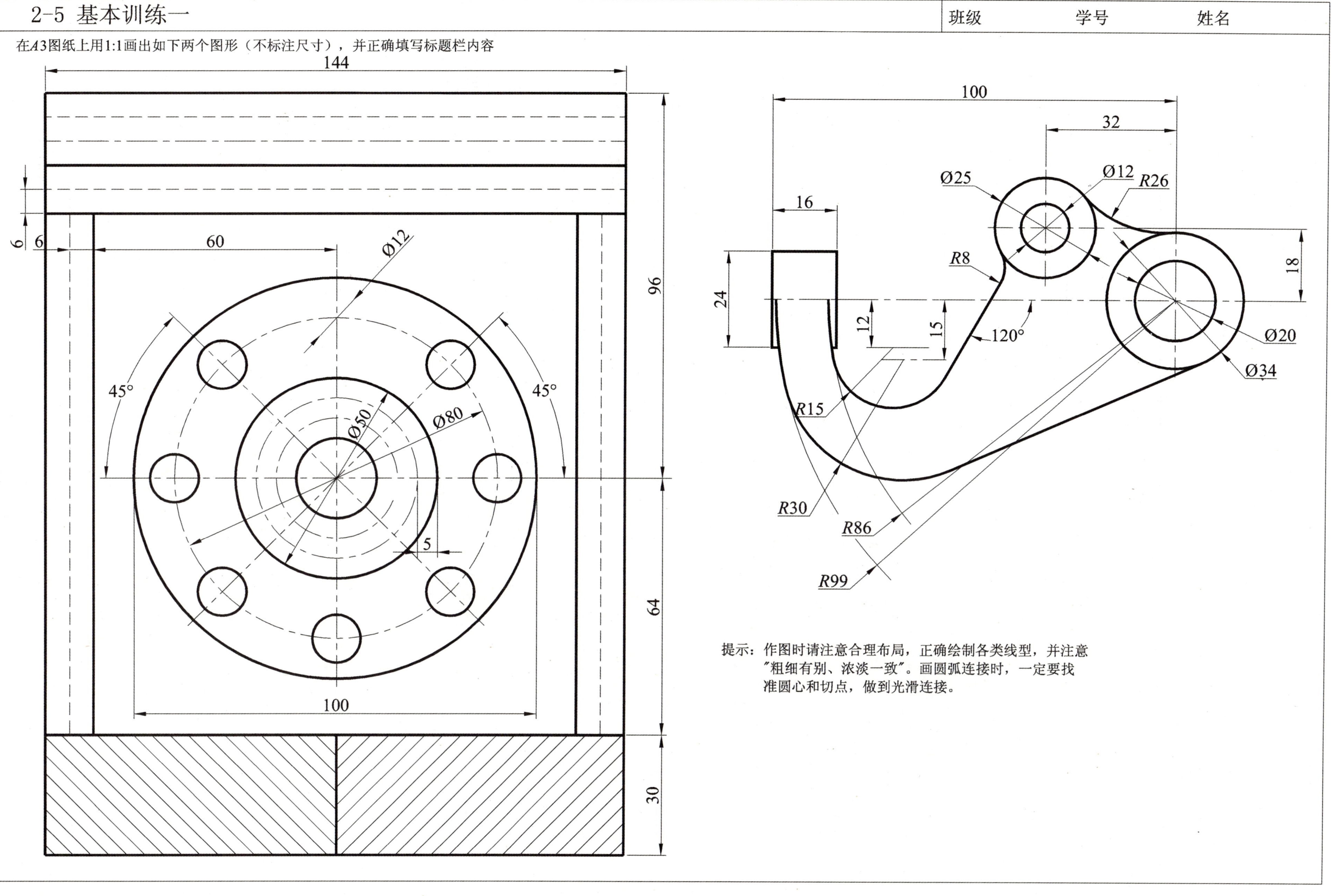

提示：作图时请注意合理布局，正确绘制各类线型，并注意"粗细有别、浓淡一致"。画圆弧连接时，一定要找准圆心和切点，做到光滑连接。

2-6 基本训练二　　班级　　学号　　姓名

在*A*3图纸上用1:1画出如下图形（要标注尺寸），并正确填写标题栏内容

1.

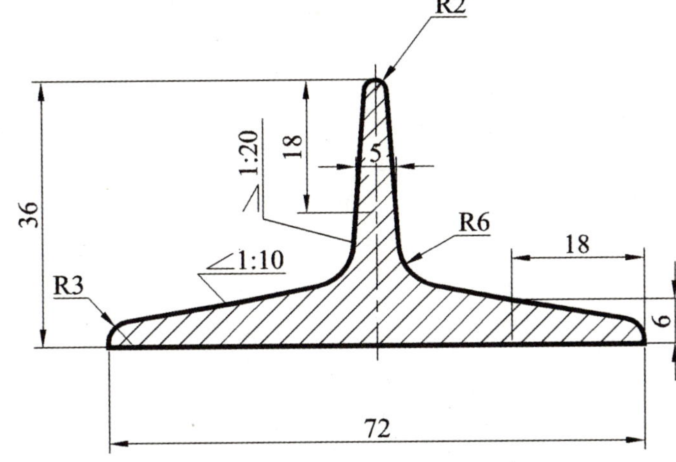

2.

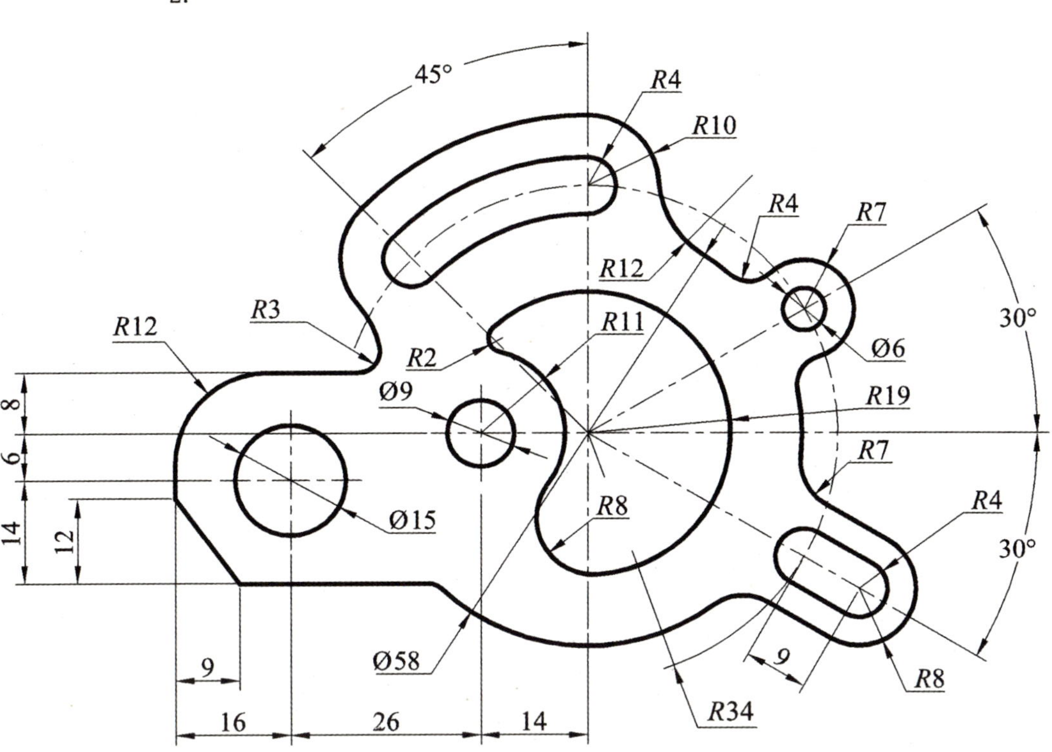

3.

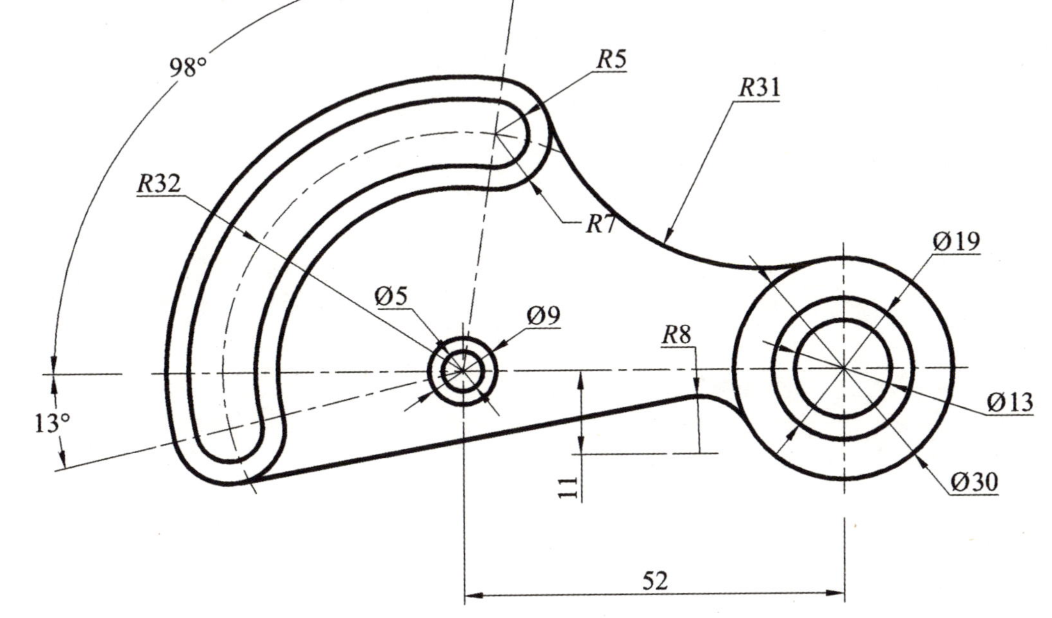

提示：作图时请注意合理布局，正确绘制各类线型，并注意"粗细有别、浓淡一致"。画圆弧连接时，一定要找准圆心和切点，做到光滑连接。

2-7 立体及其表面上的点与线

班级　　　　学号　　　　姓名

1. 作三棱柱的侧面投影，并作出表面上点 A、B、C的水平投影和侧面投影

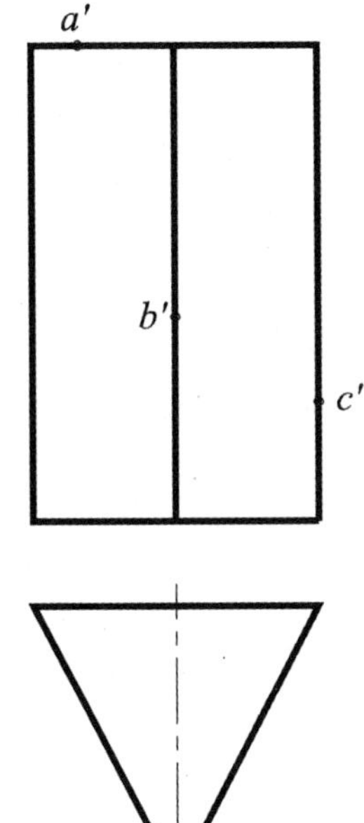

2. 作六棱柱的正面投影，并作出表面上点 A、B、C、D的侧面投影和正面投影

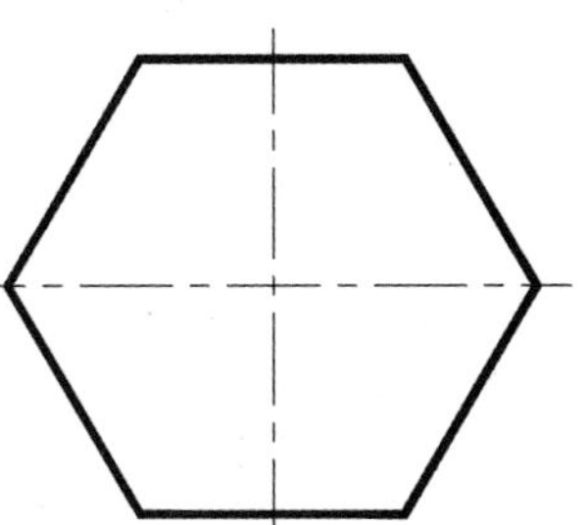

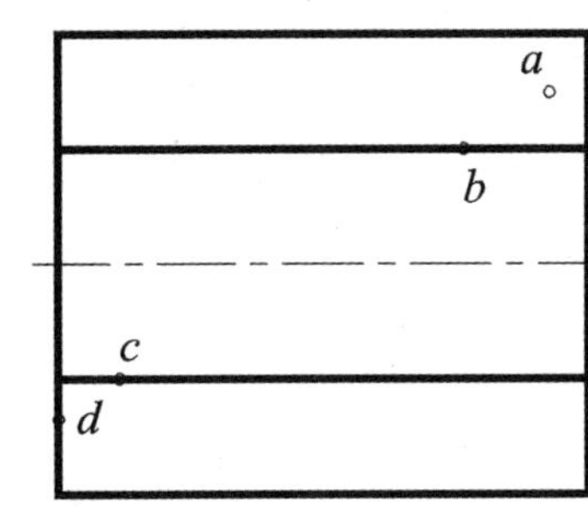

3. 作斜三棱柱的侧面投影，并补全表面上的点 A、B、C、D、E和F的三面投影

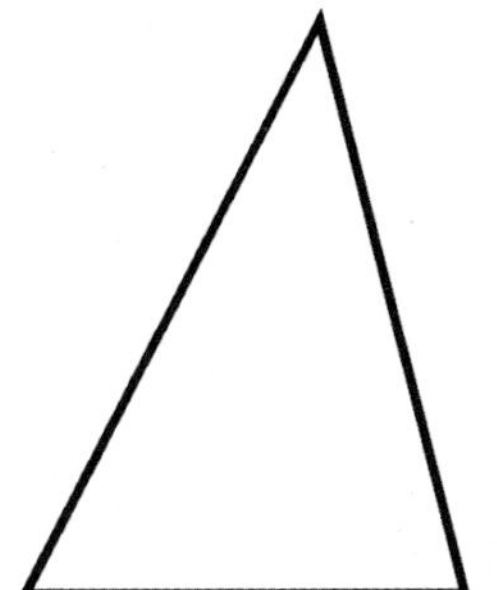

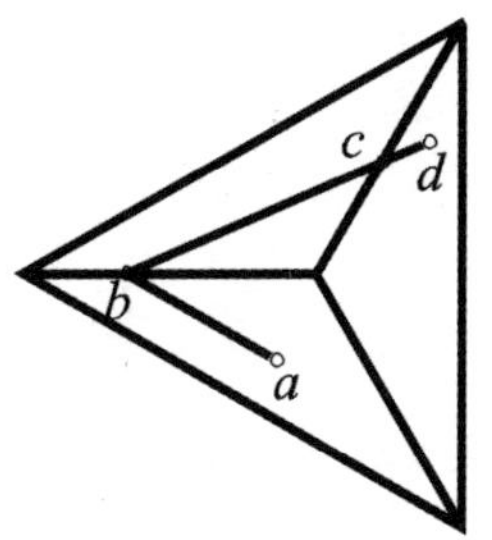

4. 画出圆柱的侧面投影，回答属于圆柱表面的线段 AB、CD是直线段还是圆曲线，并求出它们的另外两个投影

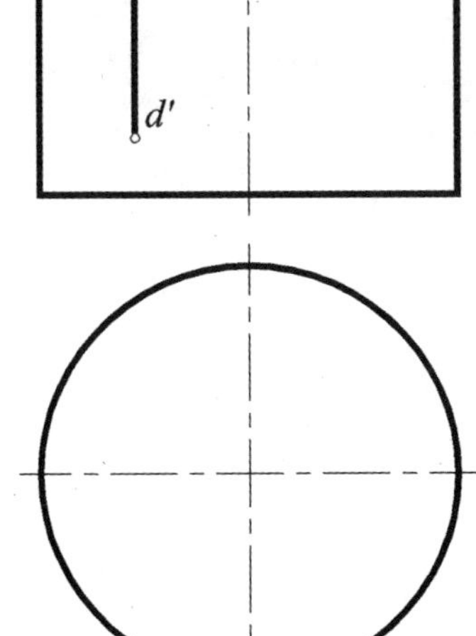

AB为（　　）
CD为（　　）

5. 画出圆锥的侧面投影。回答圆锥表面上的线段 SB、BC是直线段还是圆曲线。求出线段SB、BC的另外两个投影

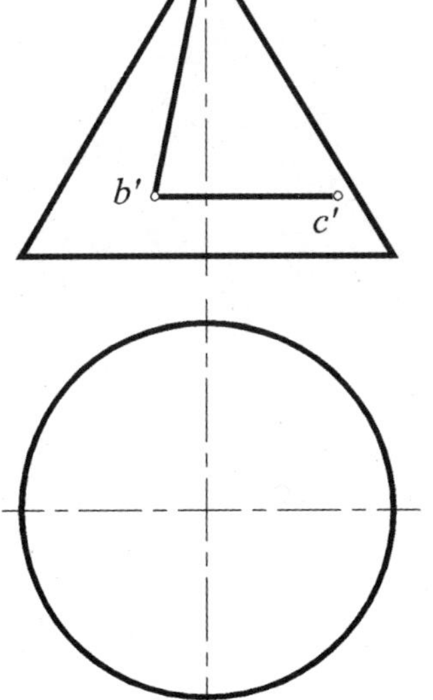

SB为（　　）
BC为（　　）

6. 求出圆球表面上的曲线的另外两个投影

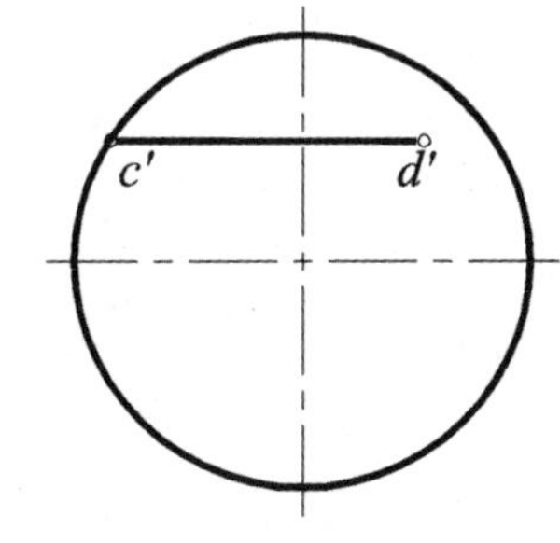

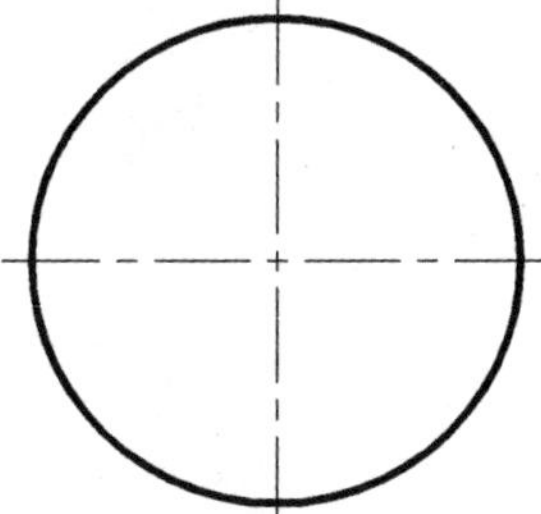

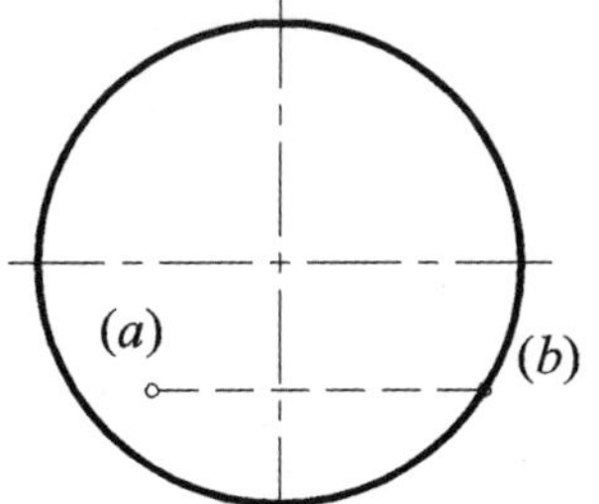

2-8 平面与立体相交	班级　　　学号　　　姓名

1. 完成被截切五棱台的三视图，补全轮廓线

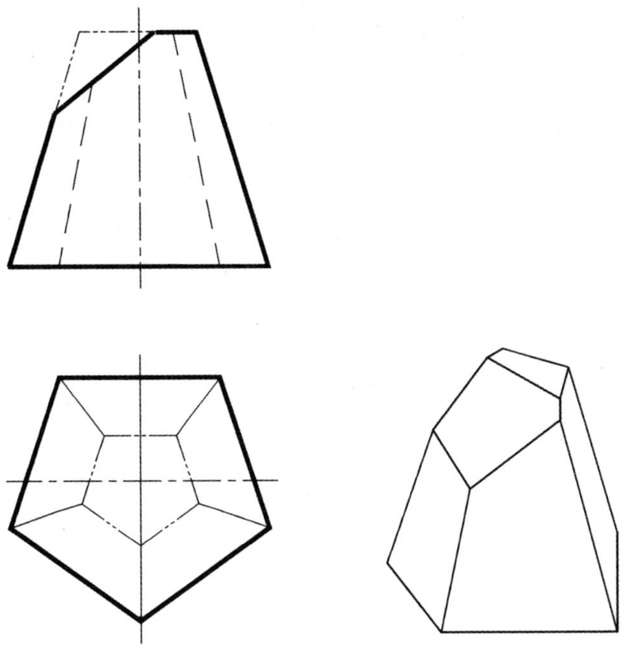

2. 根据主视图、左视图和立体图，完成被截棱柱的俯视图

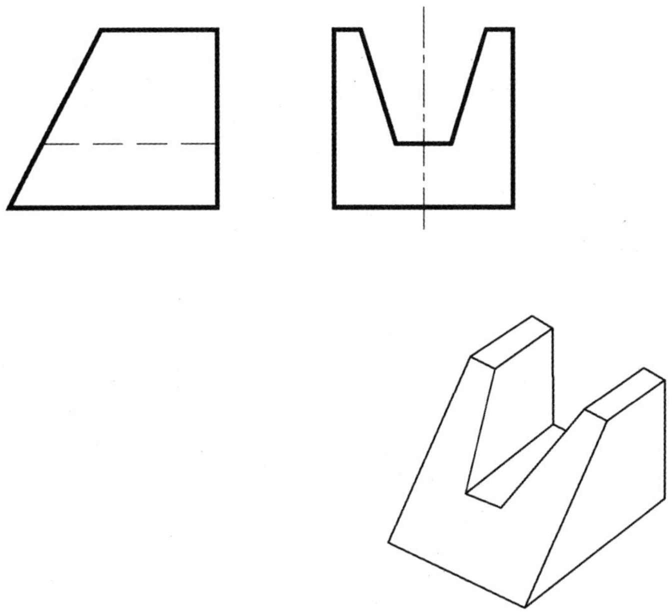

3. 根据主视图、俯视图和立体图，完成被截棱柱的左视图

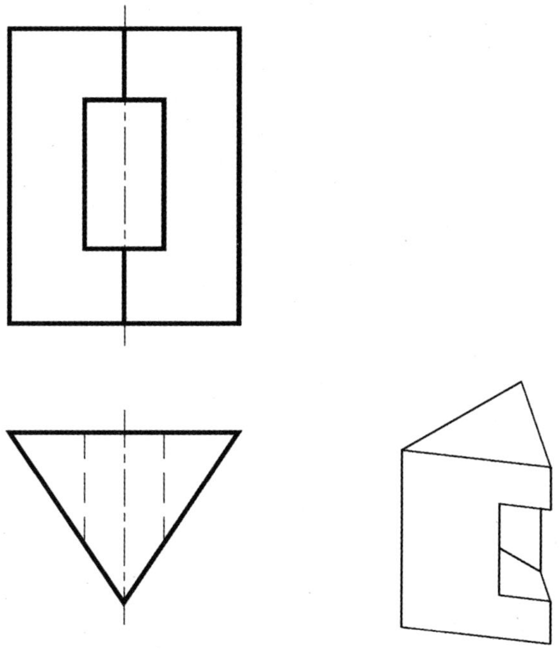

4. 完成被截切圆柱的三视图，补全轮廓线

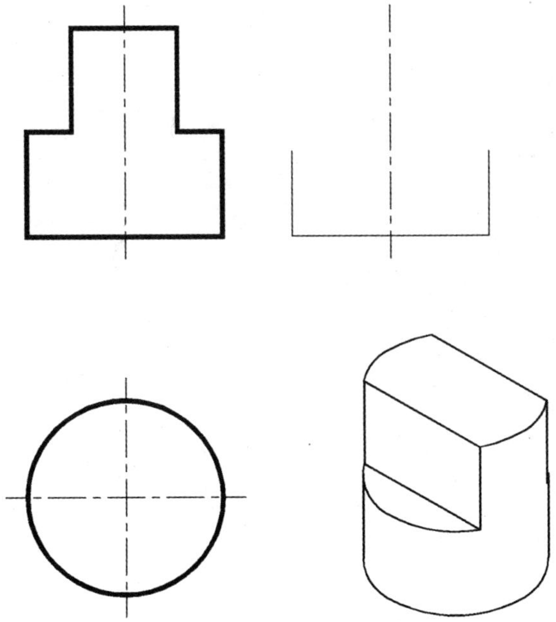

5. 圆柱被挖去方孔，根据主视图、俯视图和立体图，完成左视图

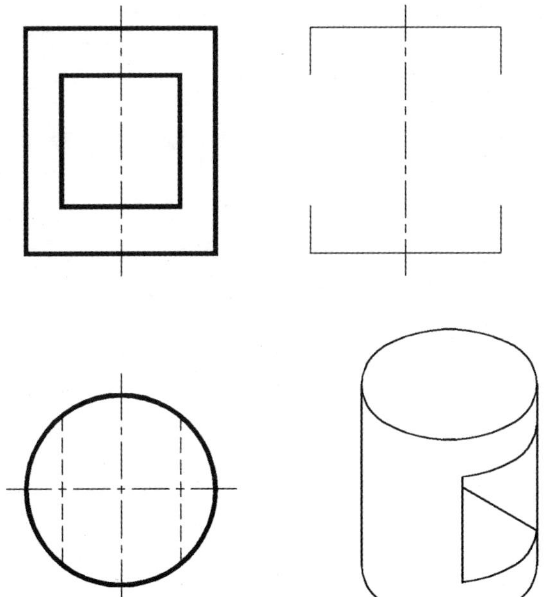

6. 圆球上部被挖去方槽，根据主视图、俯视图和立体图，完成主视图

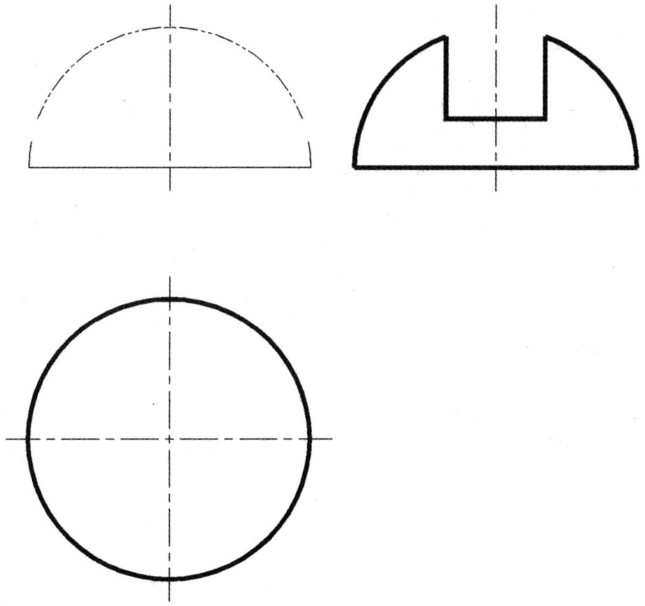

2-9 分析曲面立体表面的交线，补全由立体相贯、切割、穿孔后的投影

班级　　学号　　姓名

1. 分析曲面立体表面的交线，补全由两圆柱相贯的各投影

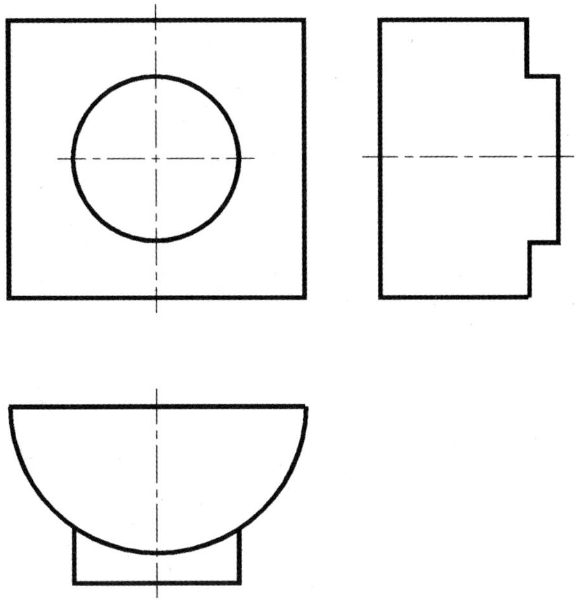

2. 分析曲面立体表面的交线，补全由圆柱穿孔后的诸投影

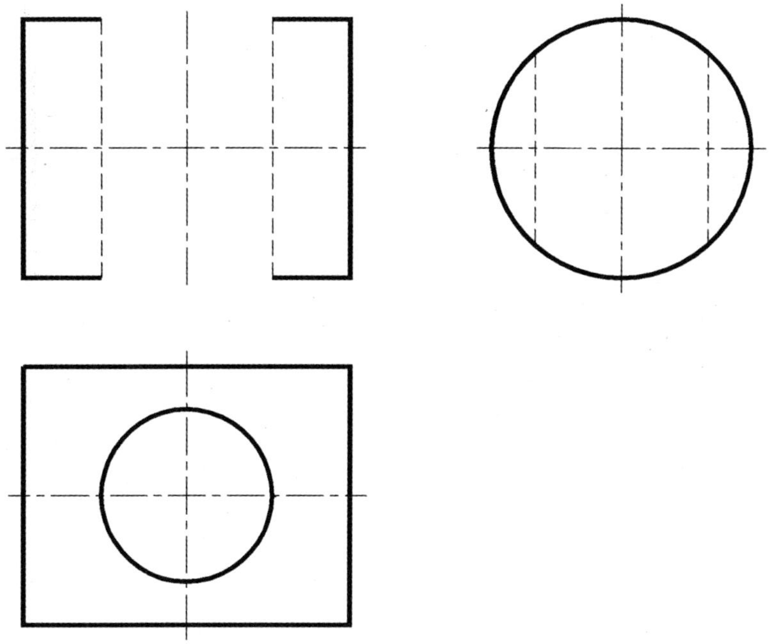

3. 补全三面投影（形体分析提示：带有轴线为铅垂线和侧垂线的两个圆柱形通孔的球体）

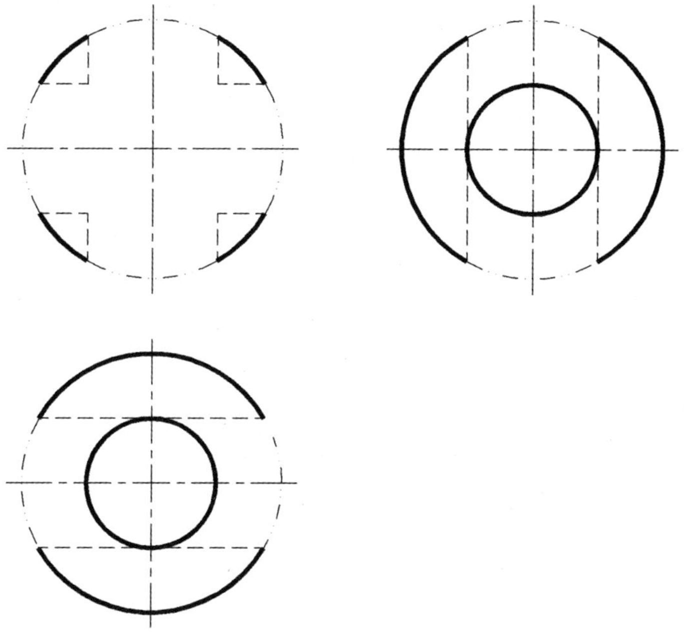

4. 画出圆柱开槽后的正面投影

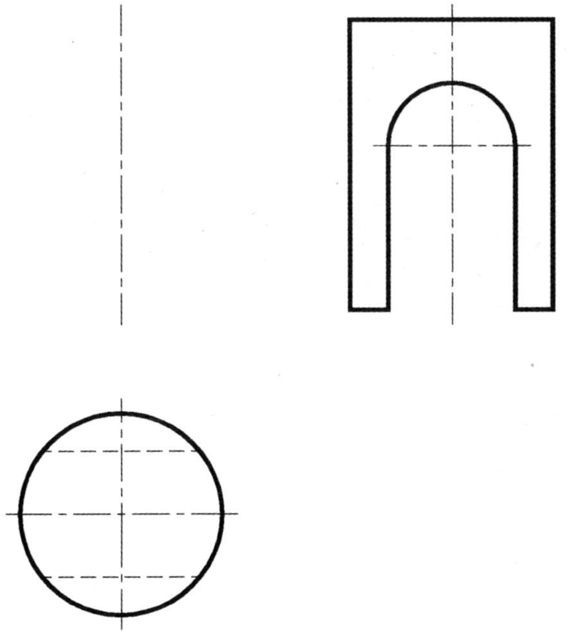

5. 补全侧面投影

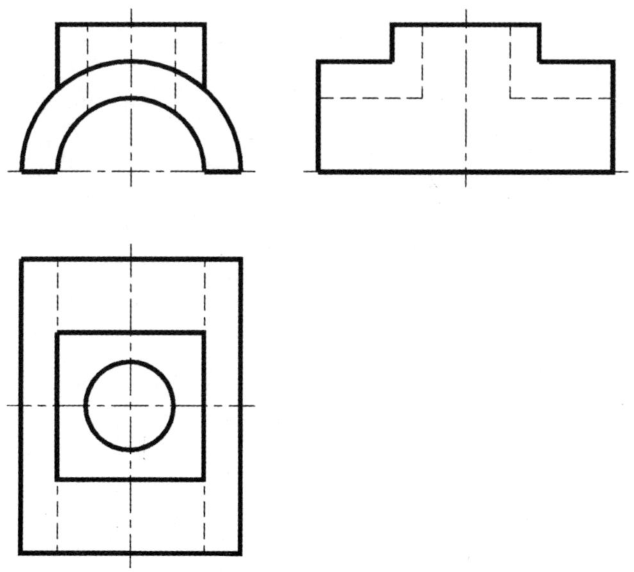

6. 补全侧面投影（形体分析提示：后壁是正平面，底面是水平面，顶面是圆柱面，前壁两侧是正平面，中间是圆柱面。有一个轴线为铅垂线的圆柱形通孔，还有一个从前表面向后的轴线为正垂线的圆柱孔，与上述铅垂的圆柱形通孔相通）

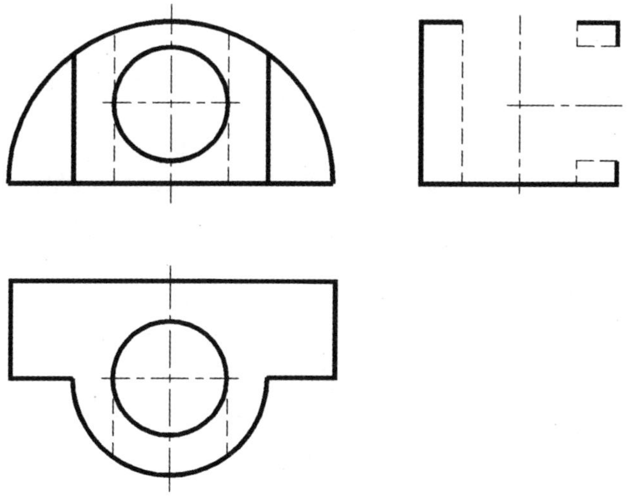

项目三：读图训练

3-1根据立体图补画视图中所缺的图线	班级　　　学号　　　姓名

1.

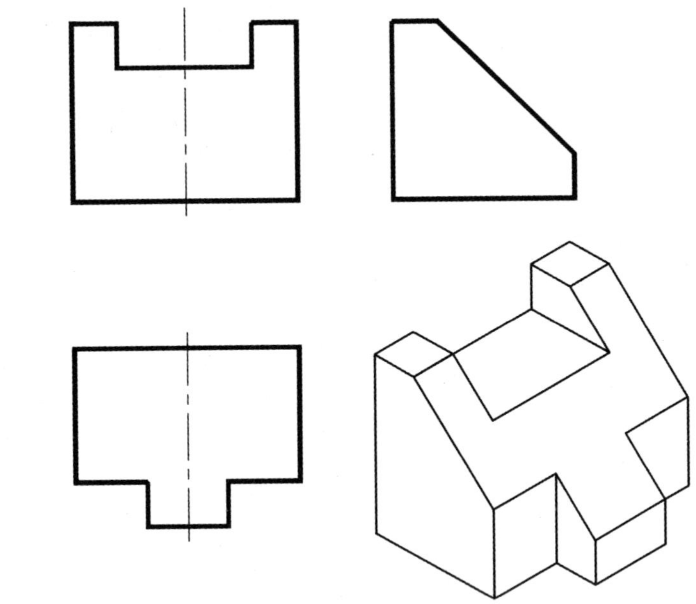

2.

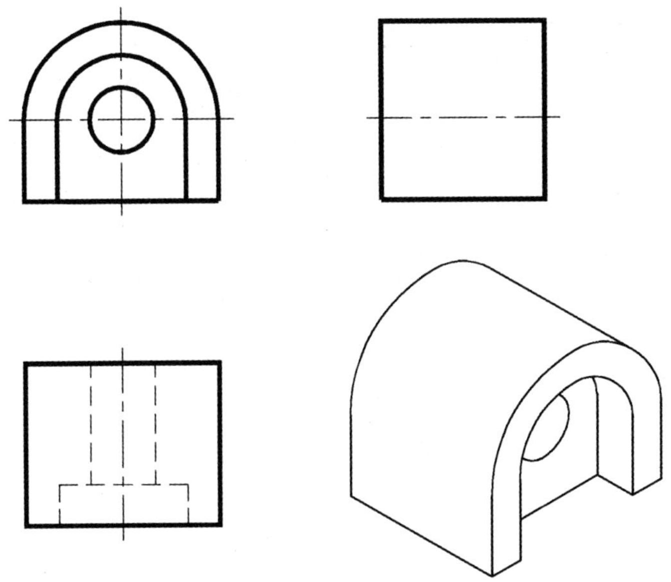

3.

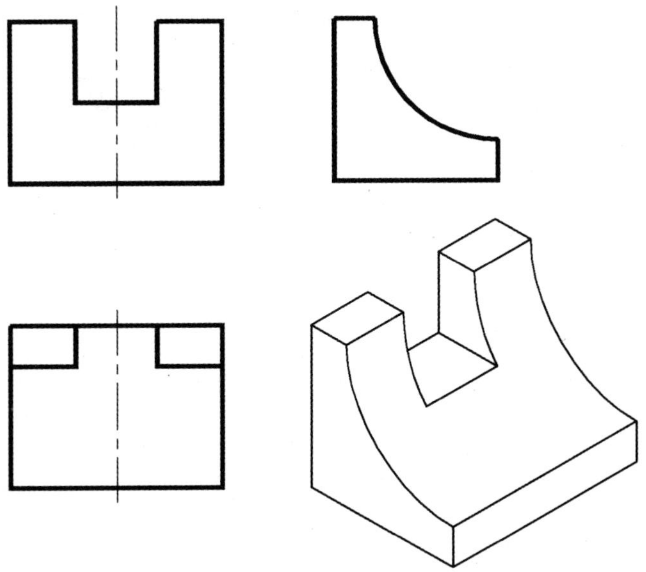

4.

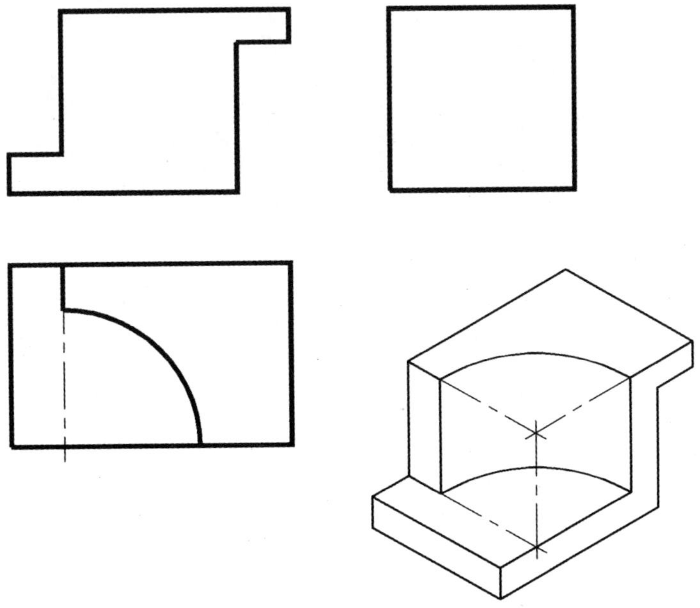

5.

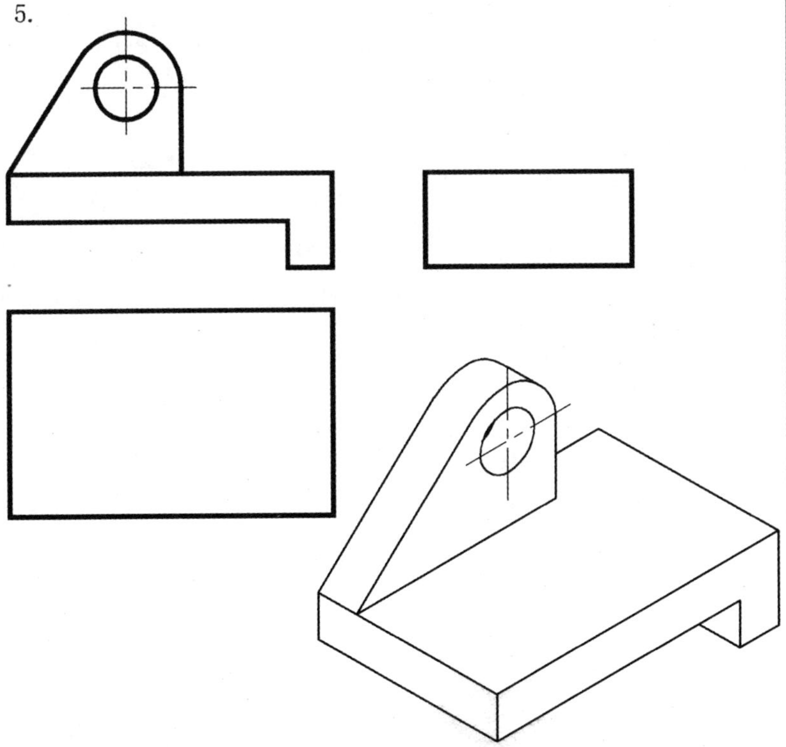

6.

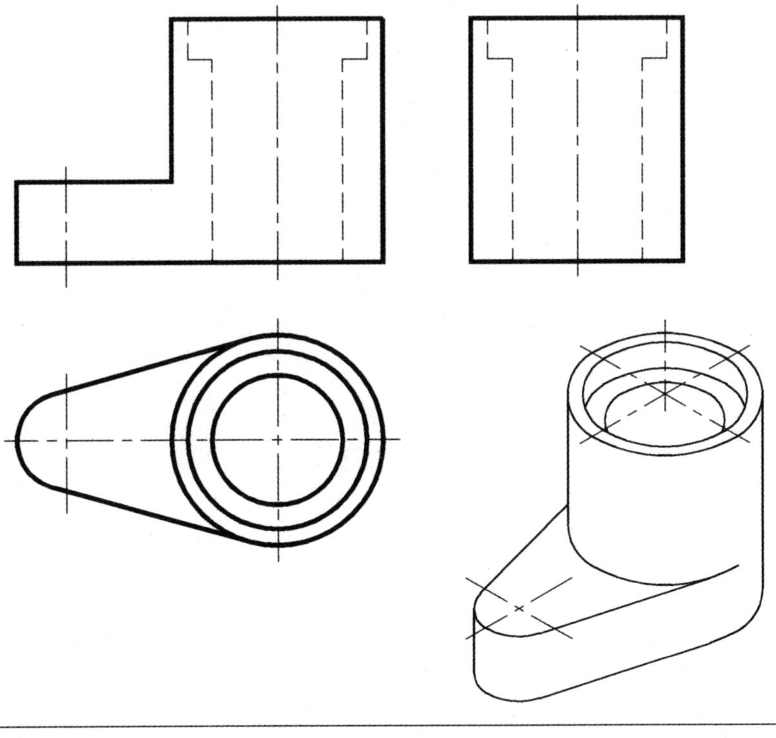

3-2 补画视图中所缺的图线

班级　　学号　　姓名

1.

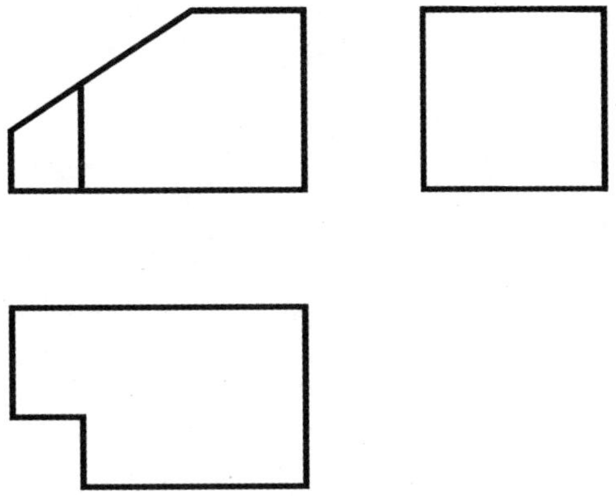

2.

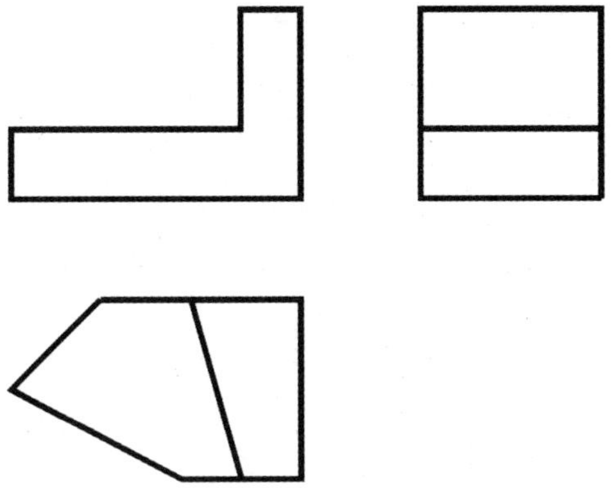

3.

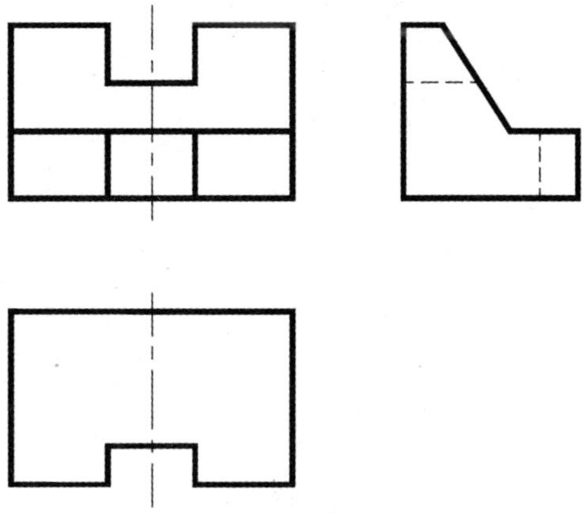

4.

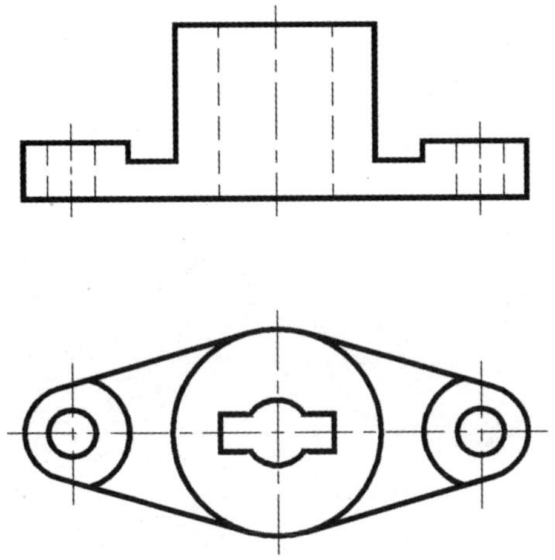

5.

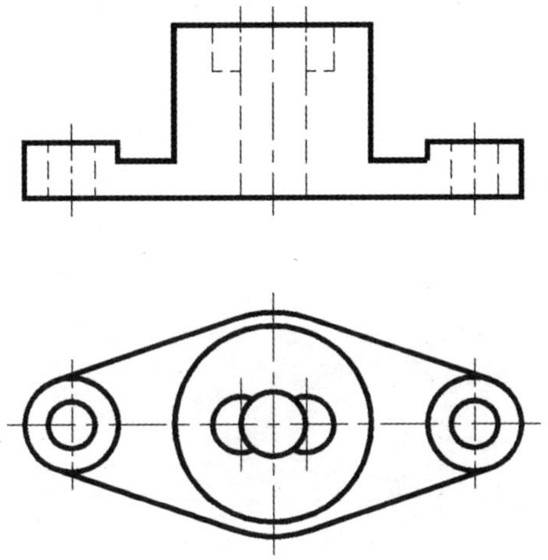

6.

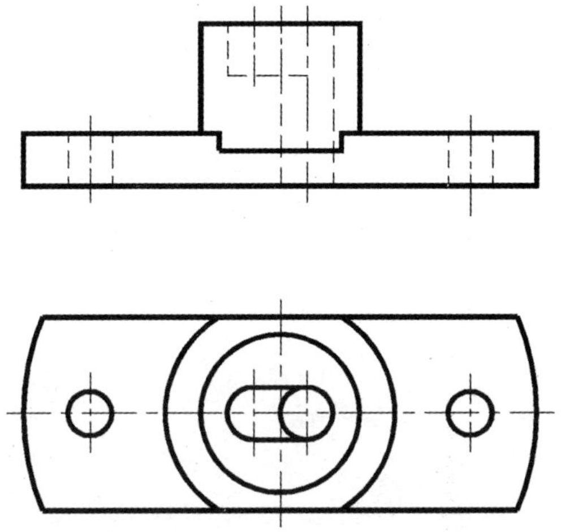

7.

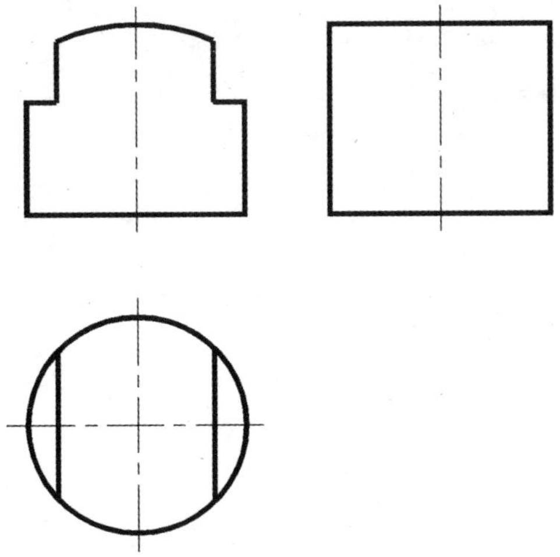

8.

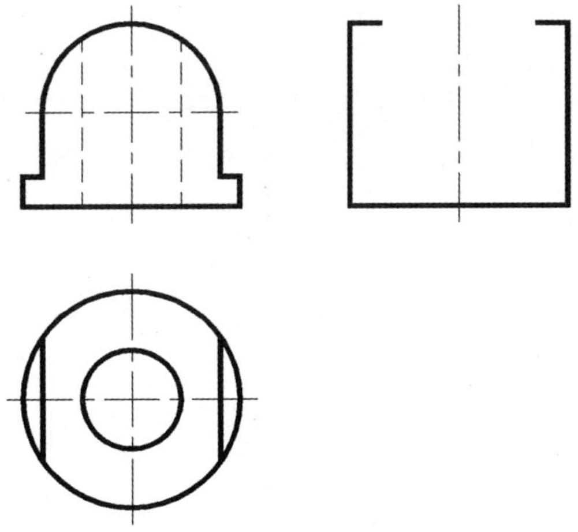

9.

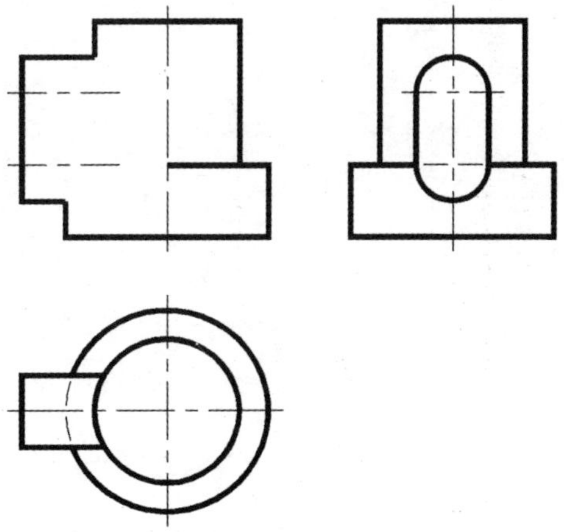

3-3 补画视图中所缺的图线

班级　　　　学号　　　　姓名

1.

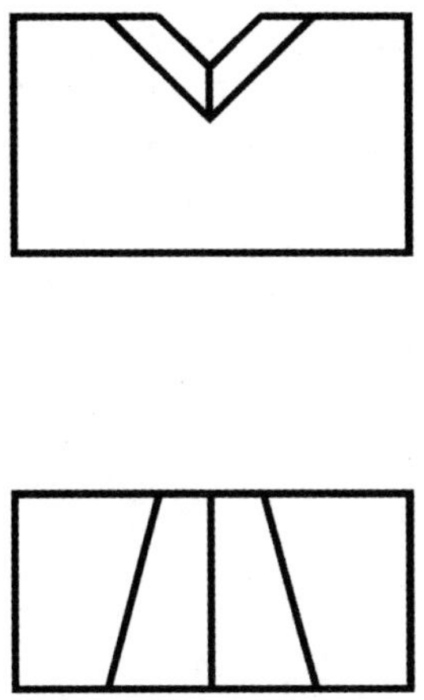

2.

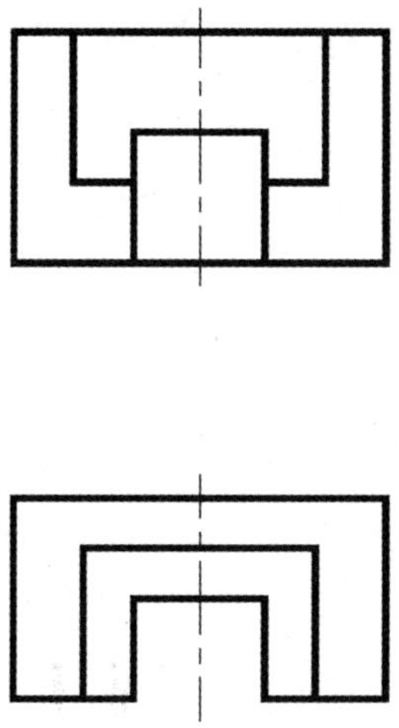

3.

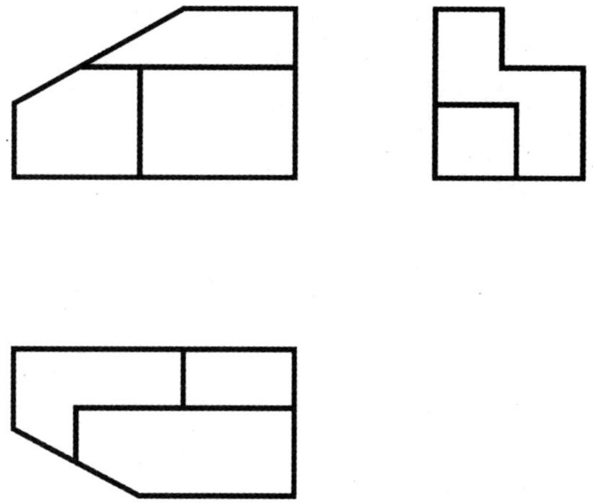

4.

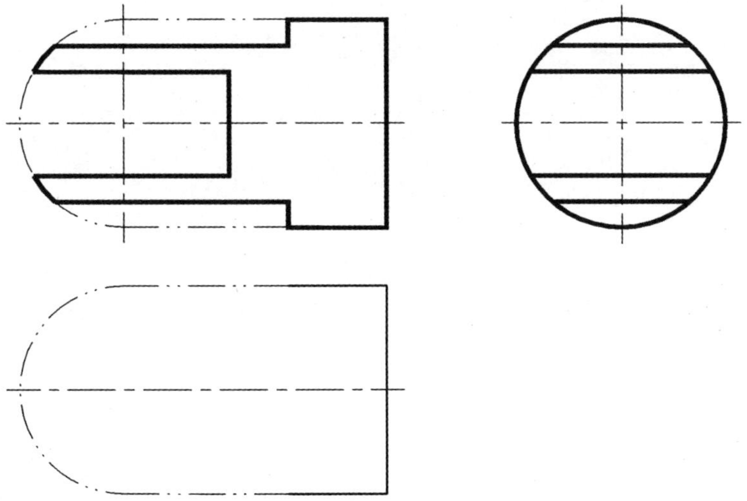

5.

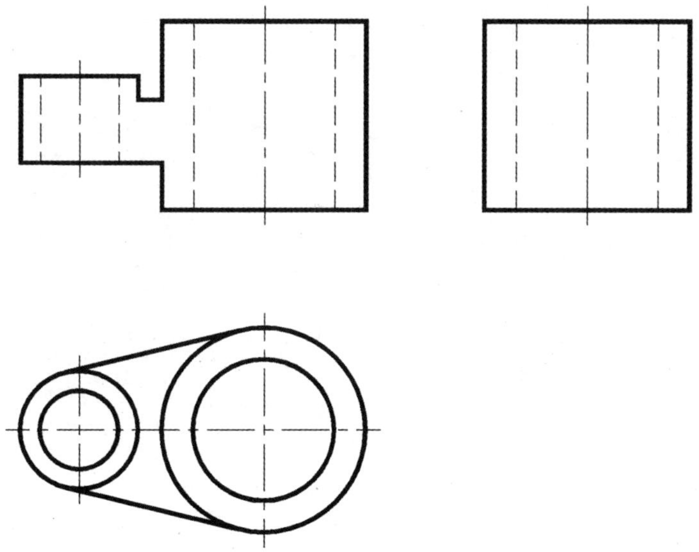

6.

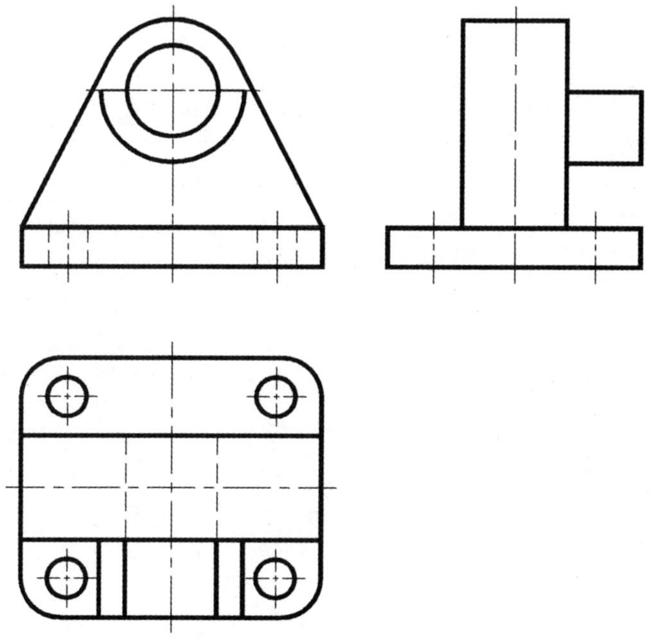

3-4 根据轴测图上所注尺寸,用1:1画出组合体的三视图 | 班级 学号 姓名

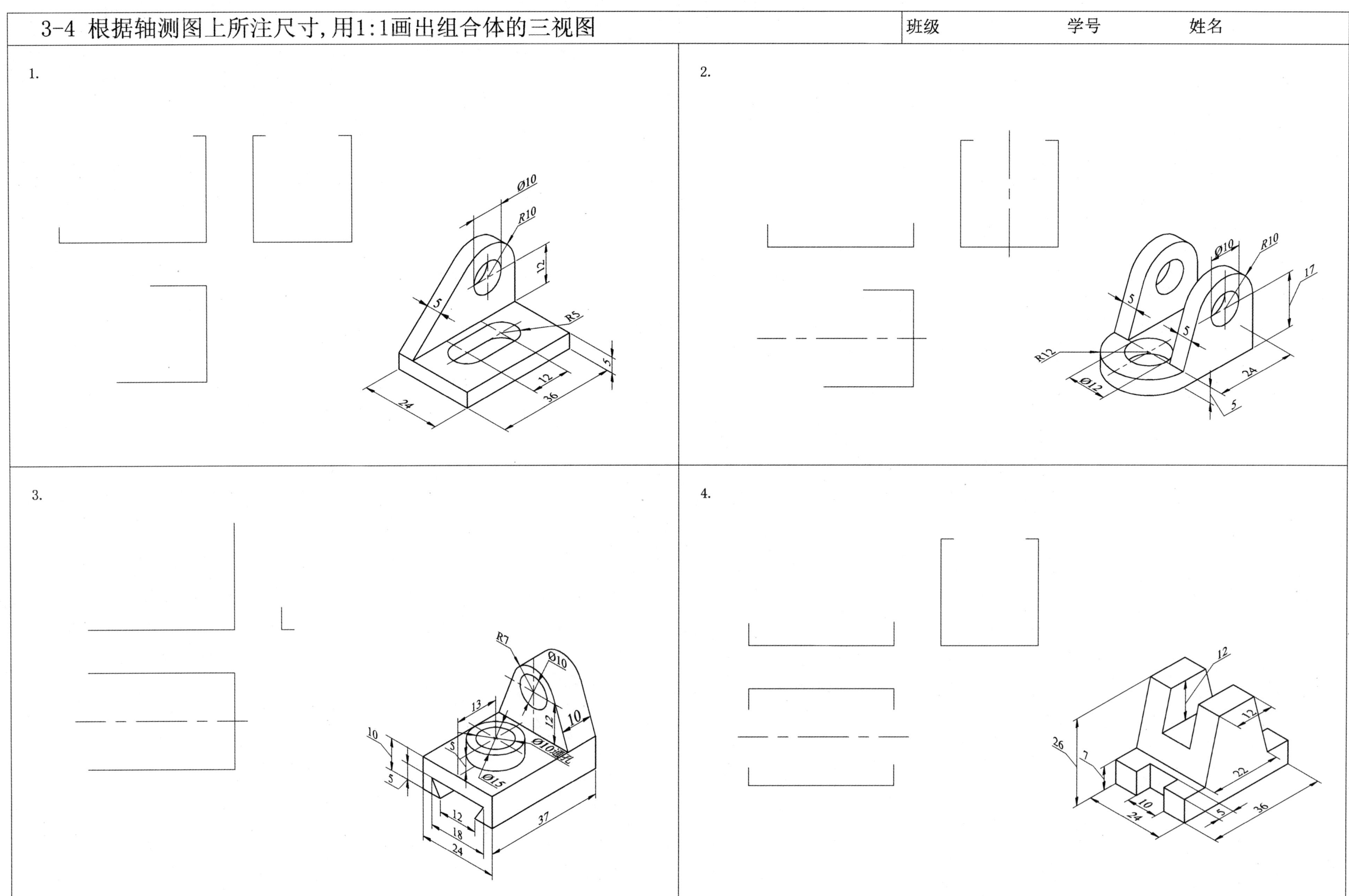

3-5 标注尺寸(根据轴测图尺寸，或从视图中量取尺寸，取整数

班级　　学号　　姓名

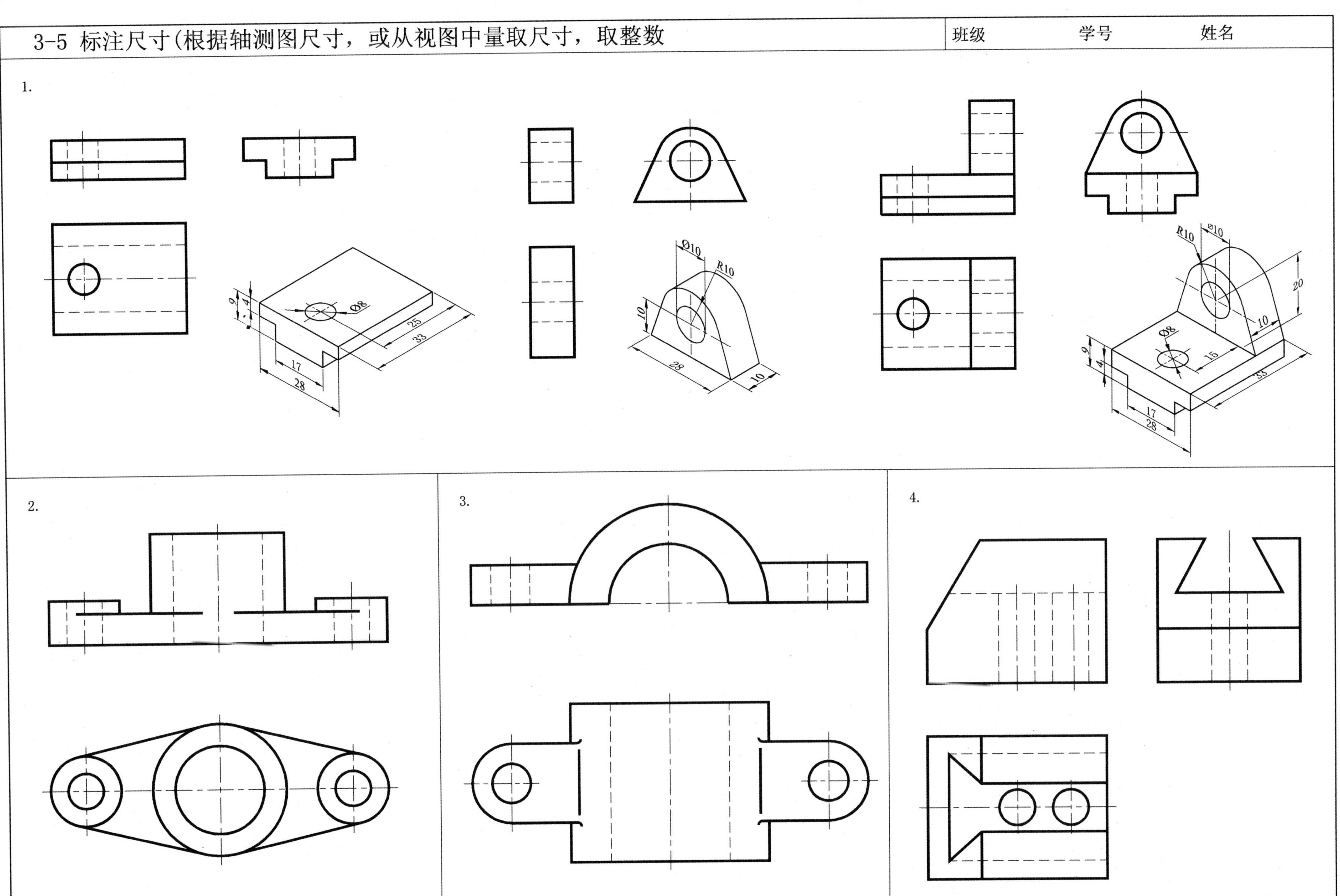

3-6 根据给出的两个视图，参照立体图，补画第三视图 | 班级 学号 姓名

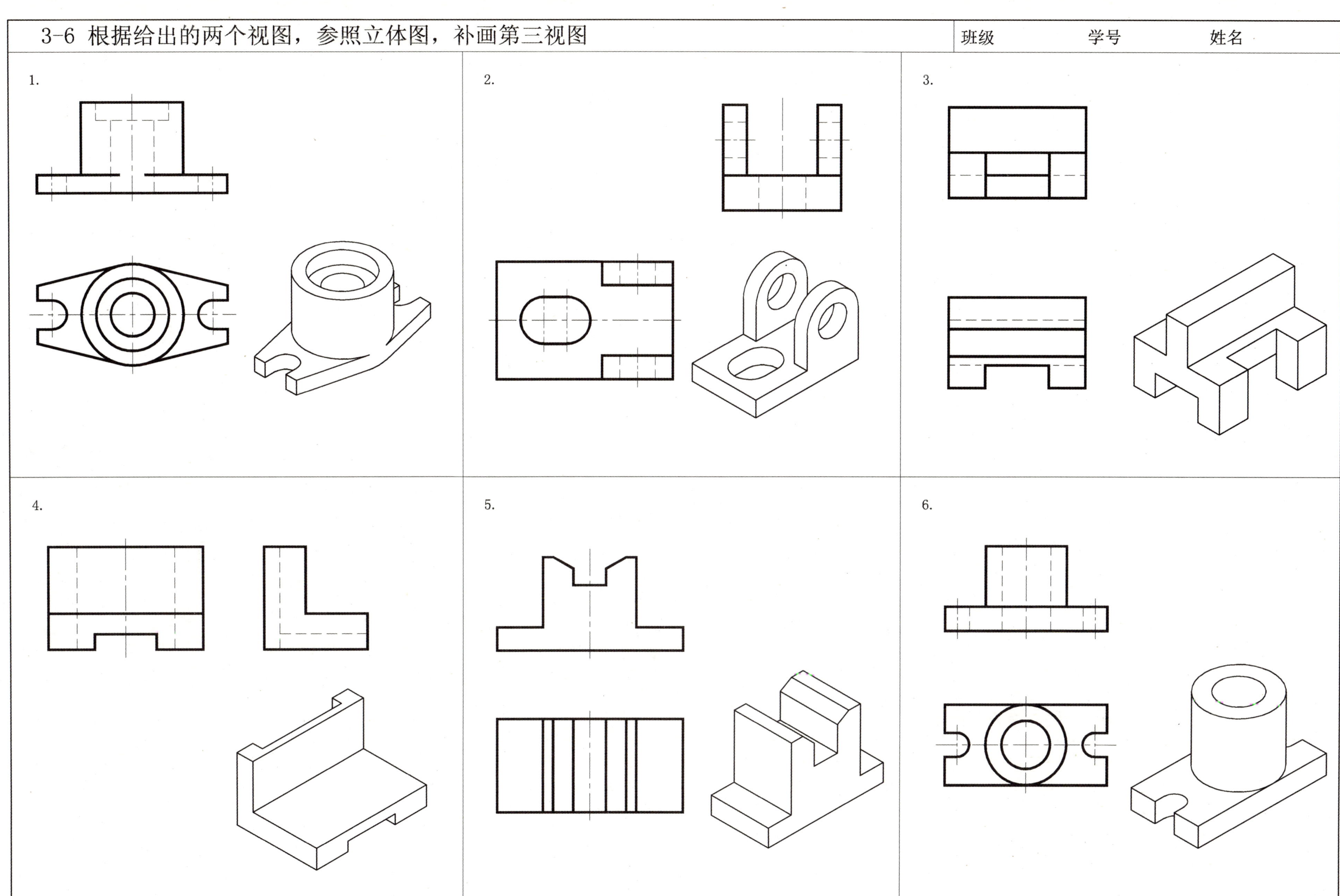

3-7 根据给出的两个视图和立体图，补画第三视图 | 班级　　　　学号　　　　姓名

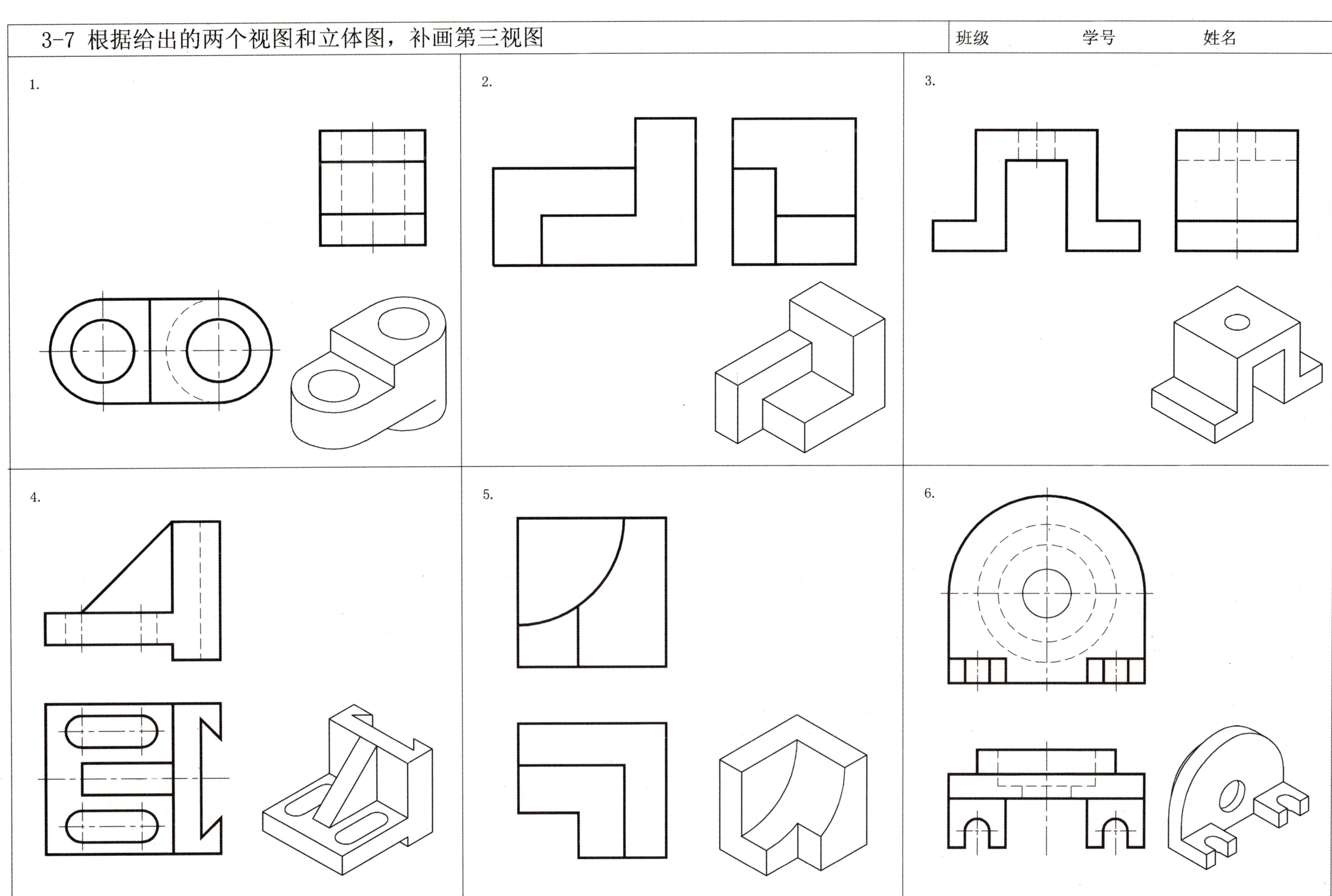

3-8 根据给出的两个视图和轴测图，补画第三视图 | 班级 | 学号 | 姓名

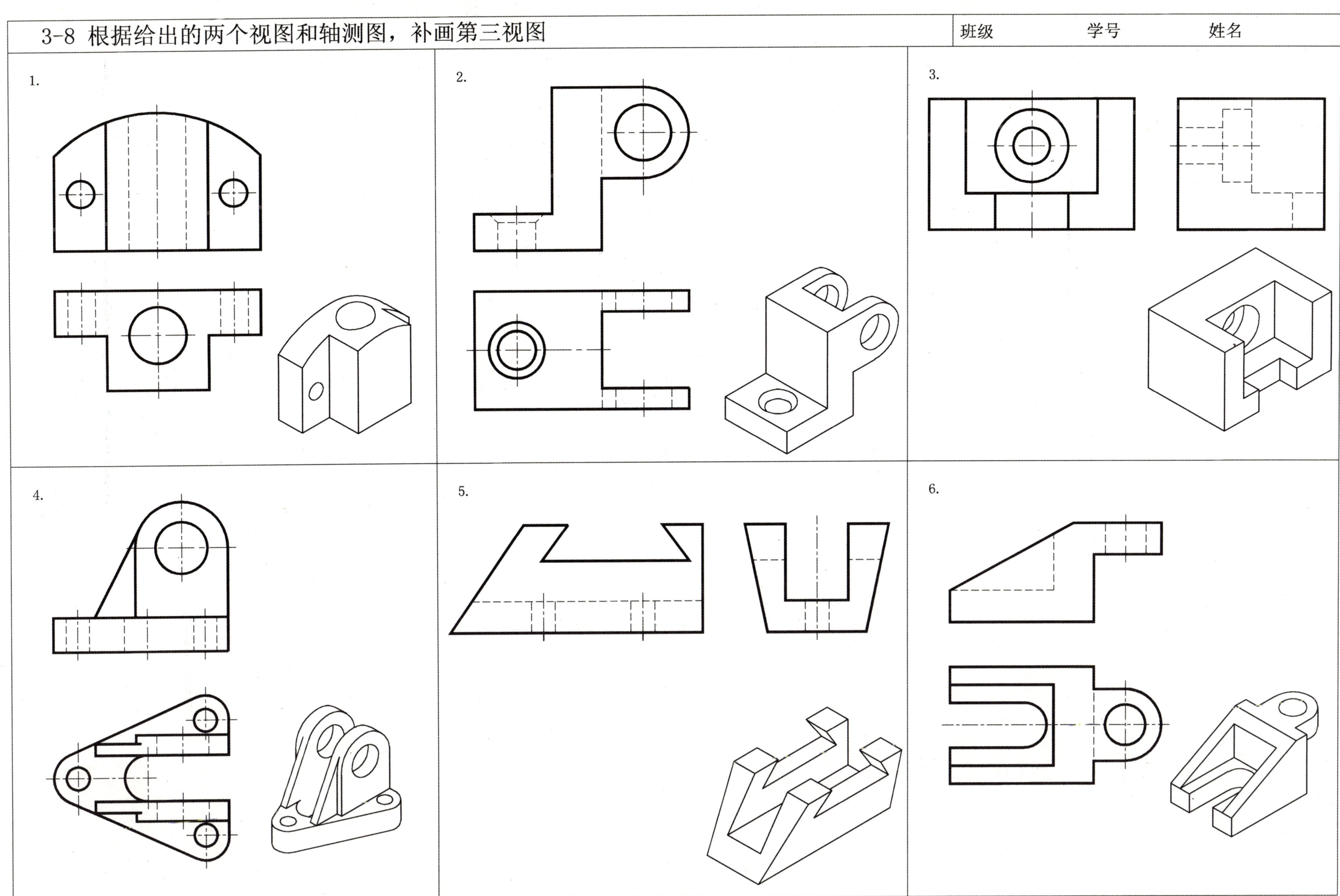

3-9 在A3图纸上，用适当的比例，根据轴侧图画出三视图并标注尺寸　　班级　　学号　　姓名

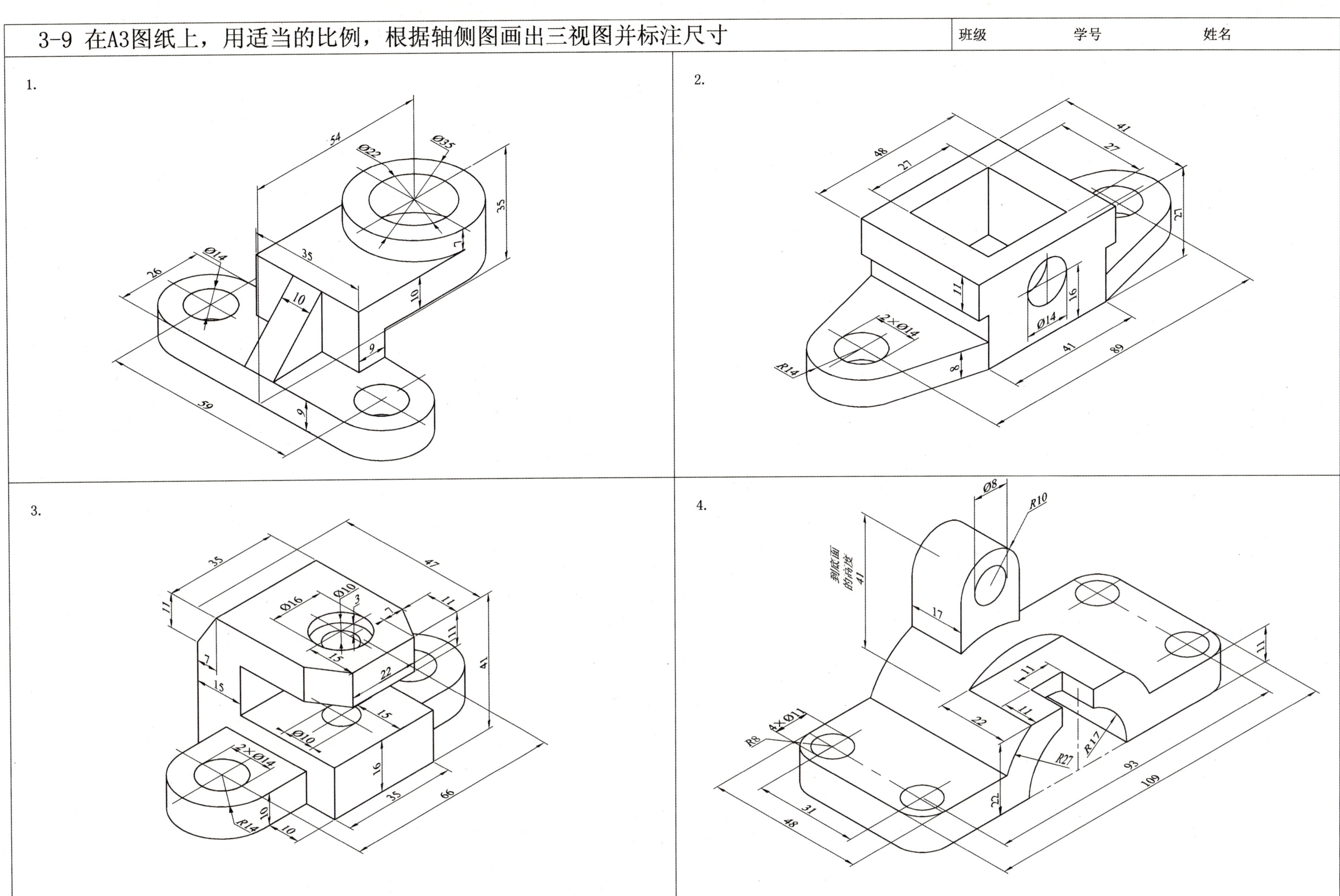

3-10 根据两视图，画第三视图，并标注尺寸 （尺寸数值按1:1从图上量取，取整数）	班级　　　　学号　　　　姓名

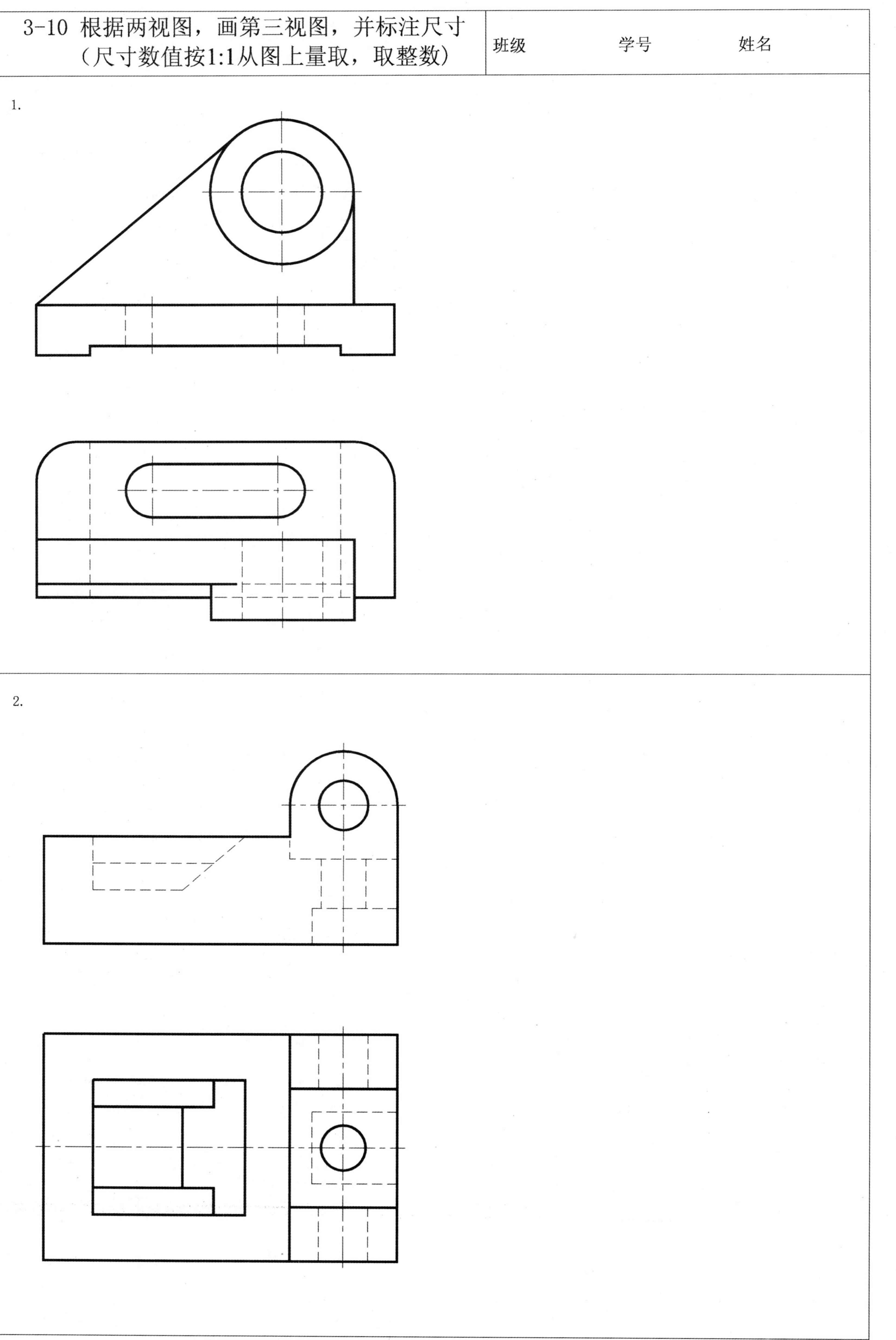

3-11 画出下列物体的正等轴测图（未注尺寸直接从图中量取） 班级 学号 姓名

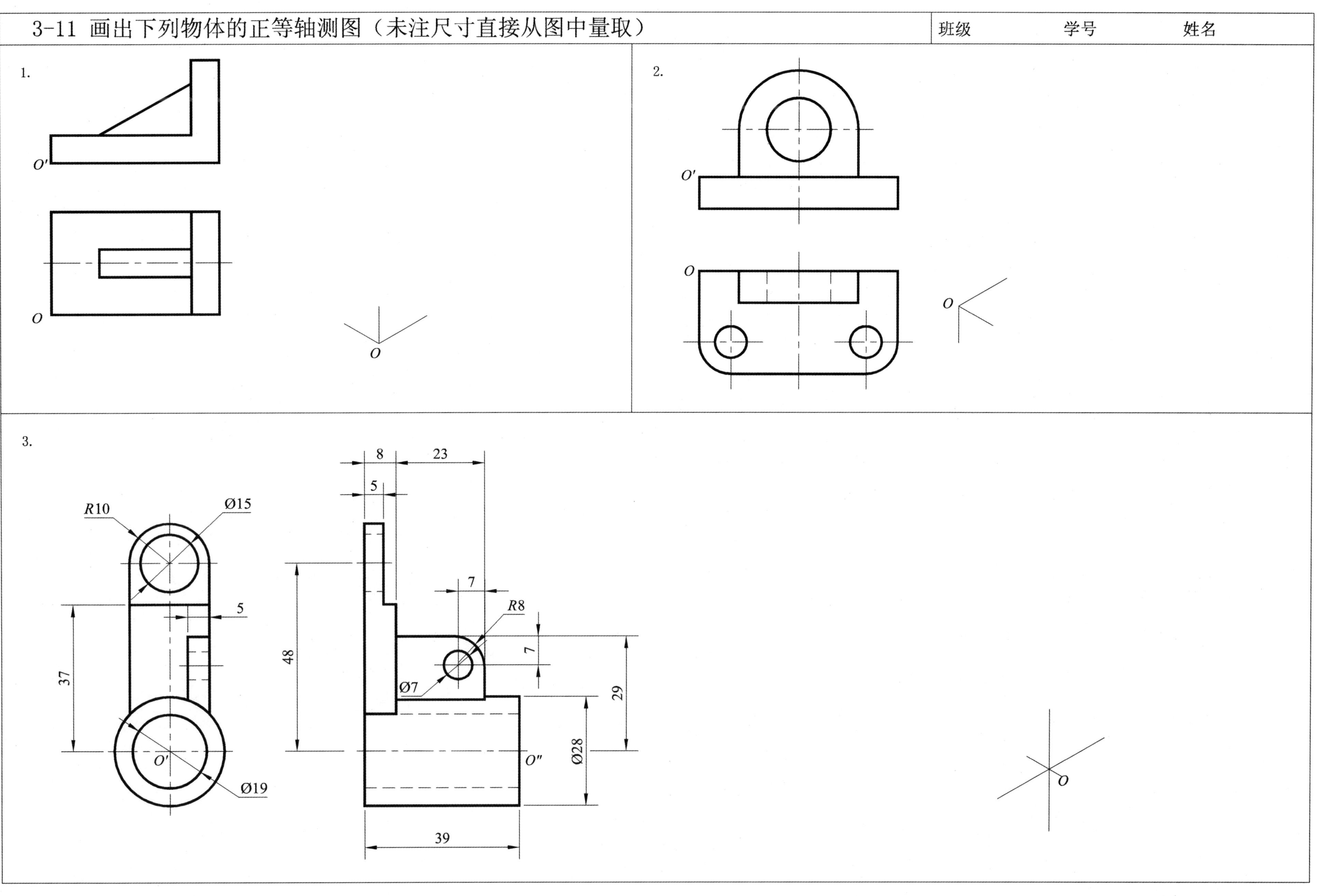

项目四：盘盖类零件测绘与绘制

4-1 基本视图、斜视图、局部视图和向视图	班级	学号	姓名

1. 如图所示，根据所给三视图，补画另外三个基本视图

2. 在指定位置画出左视图和A向视图（右视图）

3. 画出机件A向斜视图和B向局部视图

4. 画出机件的局部视图和斜视图

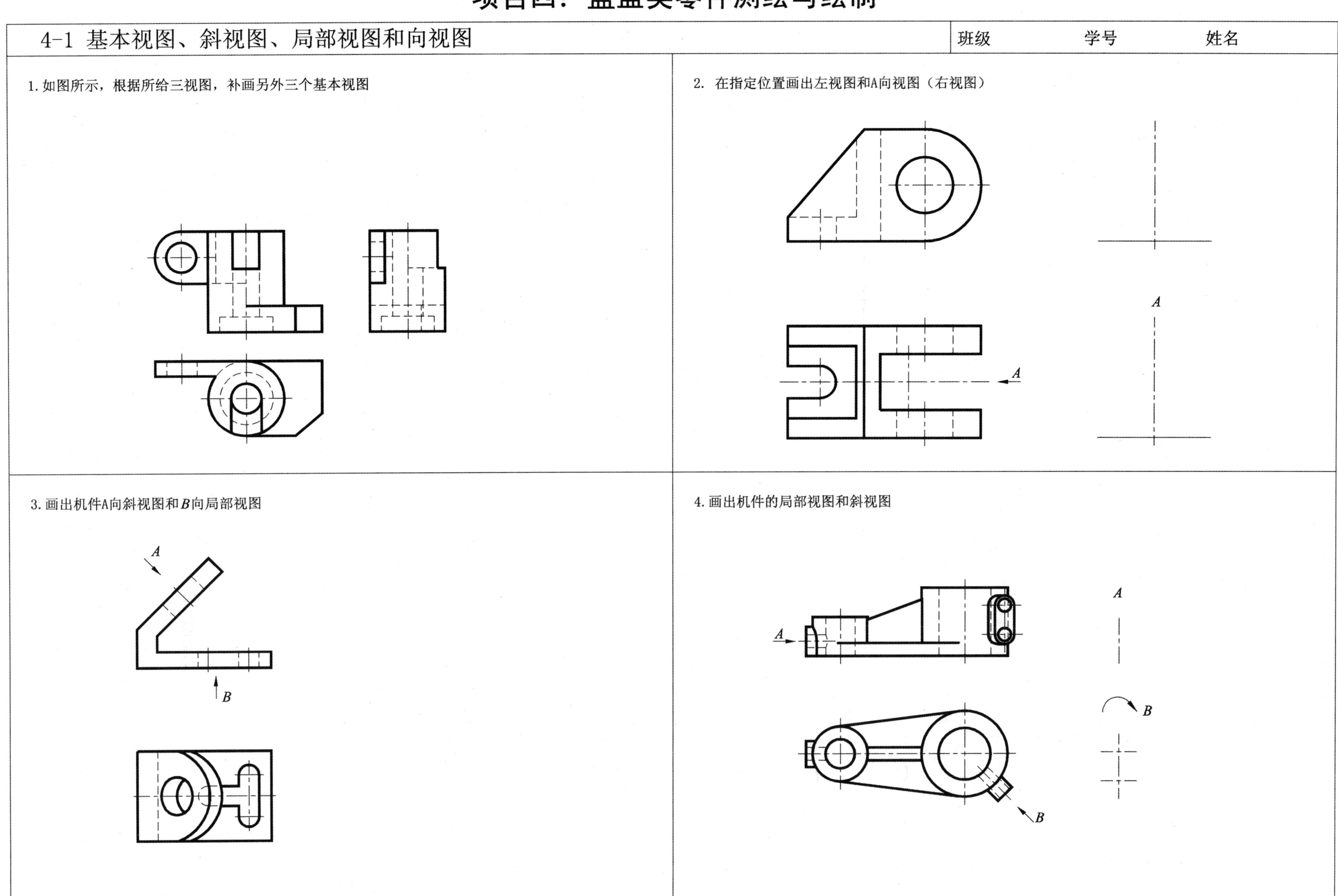

4-2 剖视概念与全剖视图	班级　　　学号　　　姓名

1. 分析视图中的错误画法，并作出正确的剖视图

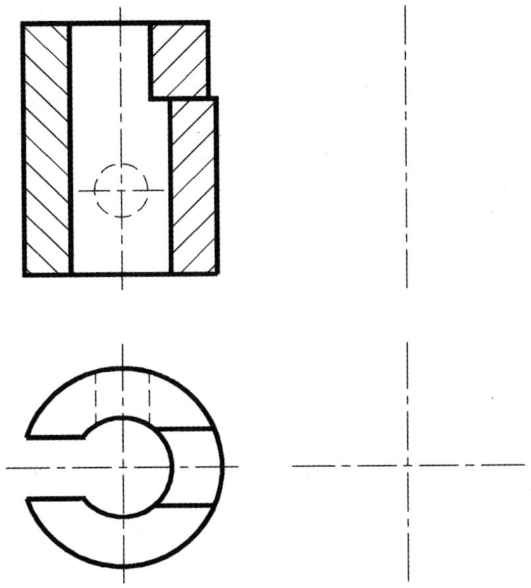

2. 补画主视图（全剖视图）中漏画的图线

3. 补画剖视图中的漏线

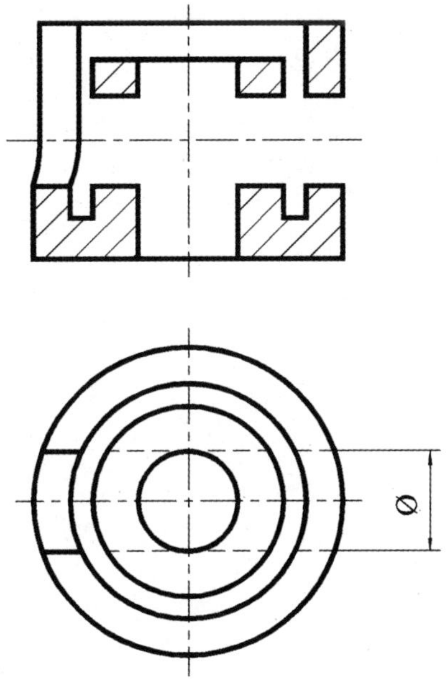

Ø

4. 补画全剖视图中所缺的图线（包括剖面线）

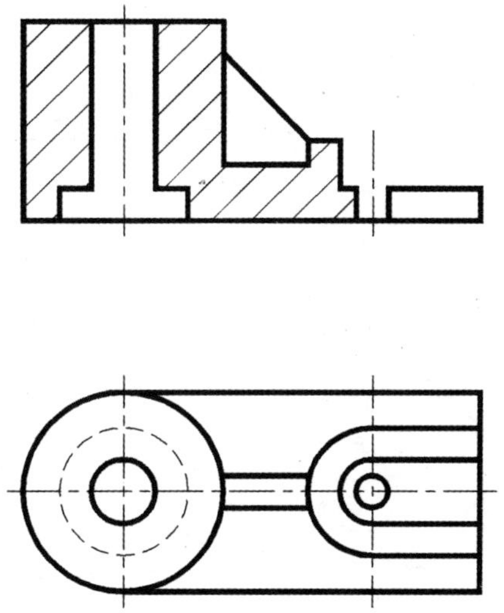

5. 根据俯视图，补画主视图中的漏线

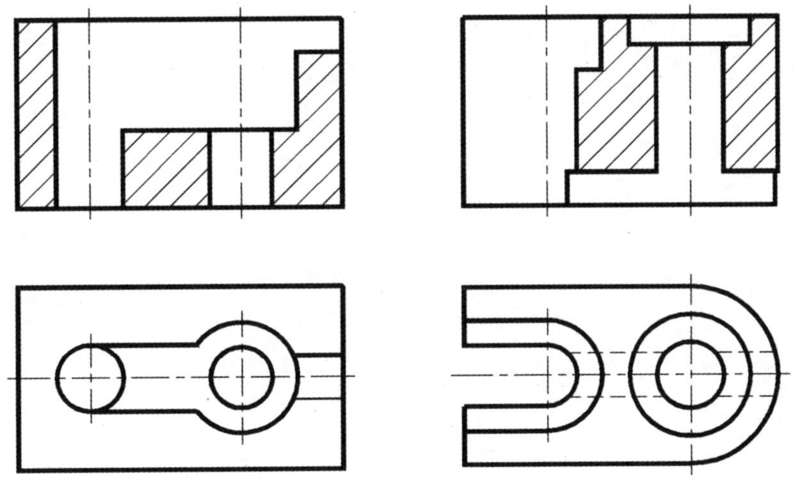

6. 将主视图改画为全剖视图

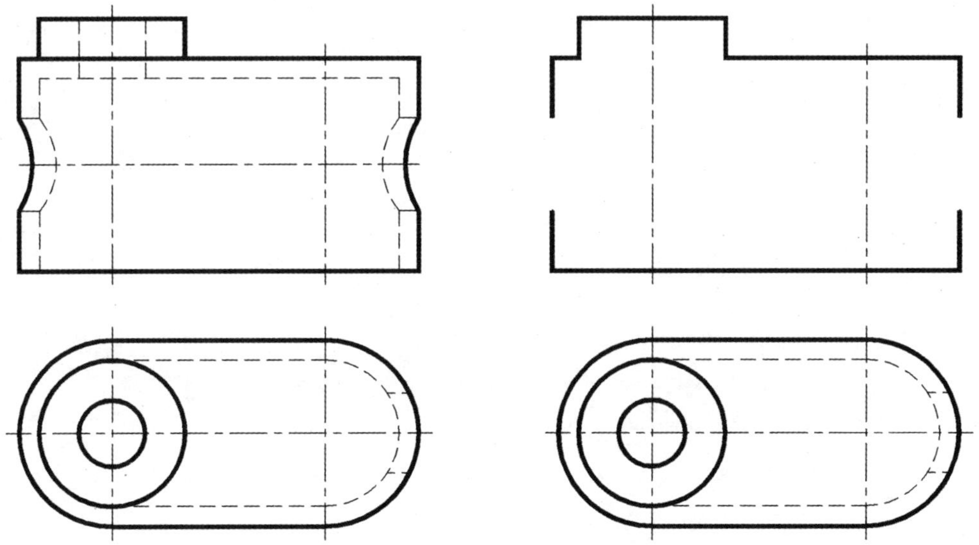

4-3 全剖视图

班级　　学号　　姓名

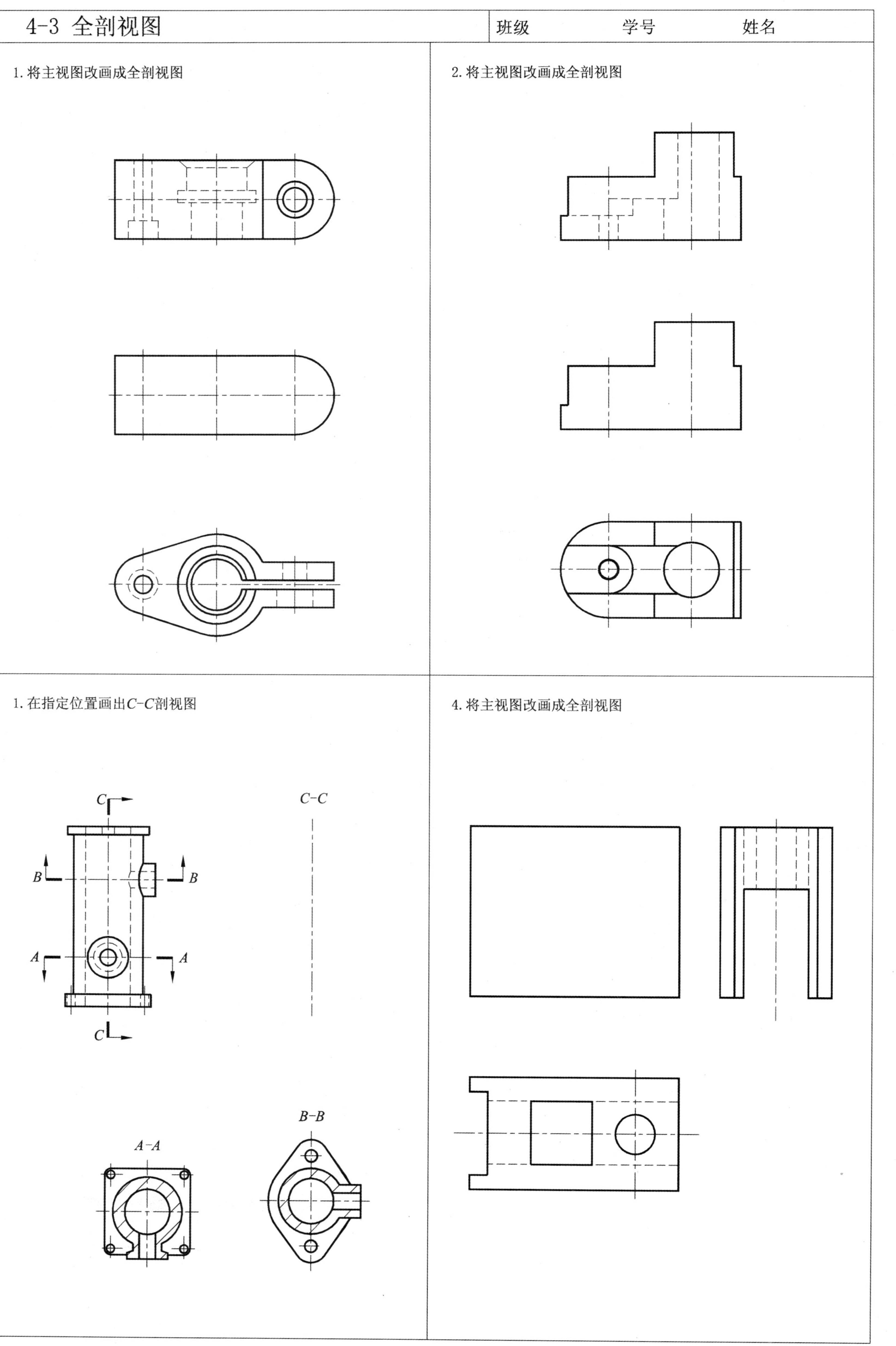

4-4 半剖视图

班级　　　　学号　　　　姓名

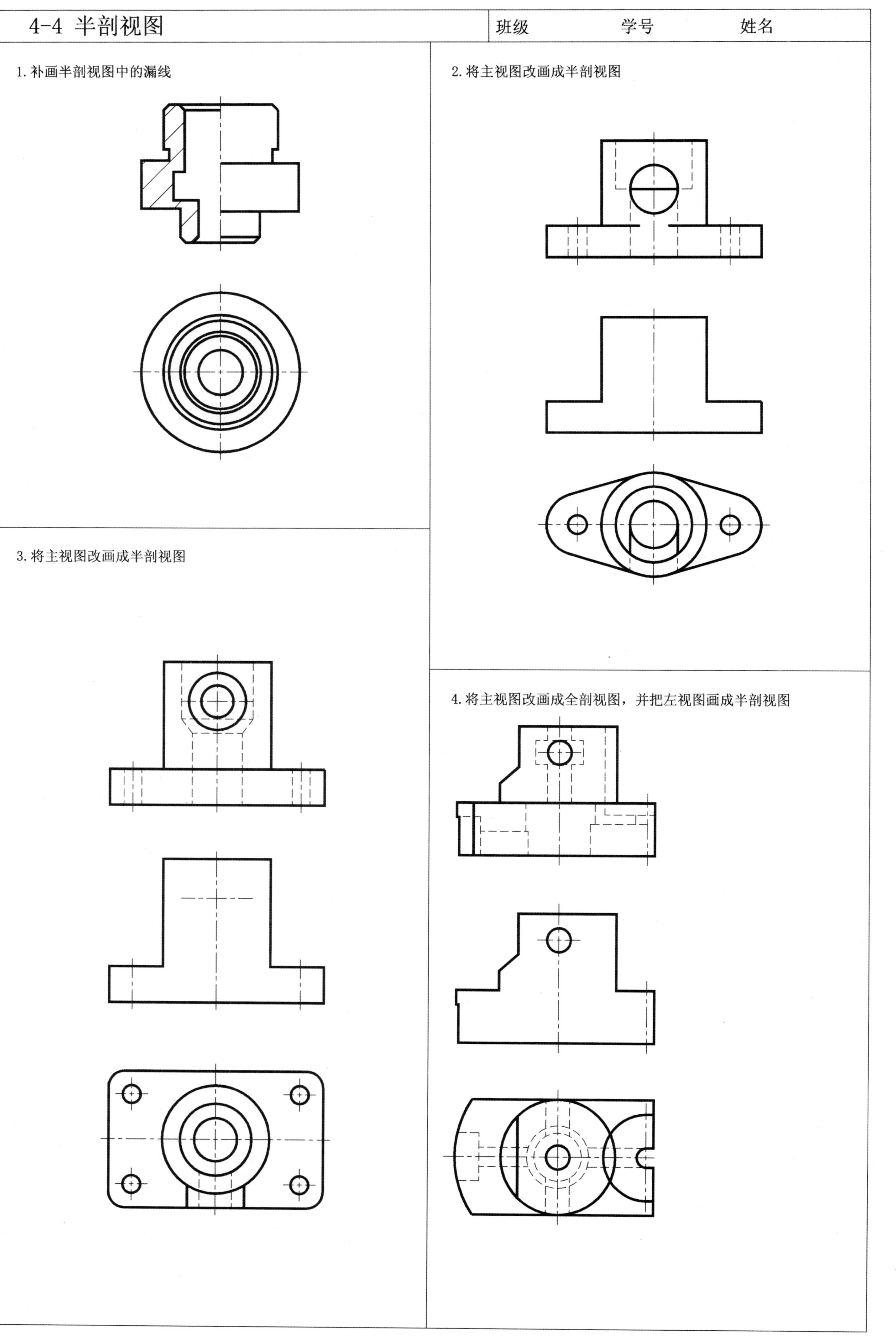

1. 补画半剖视图中的漏线

2. 将主视图改画成半剖视图

3. 将主视图改画成半剖视图

4. 将主视图改画成全剖视图，并把左视图画成半剖视图

班级　　学号　　姓名

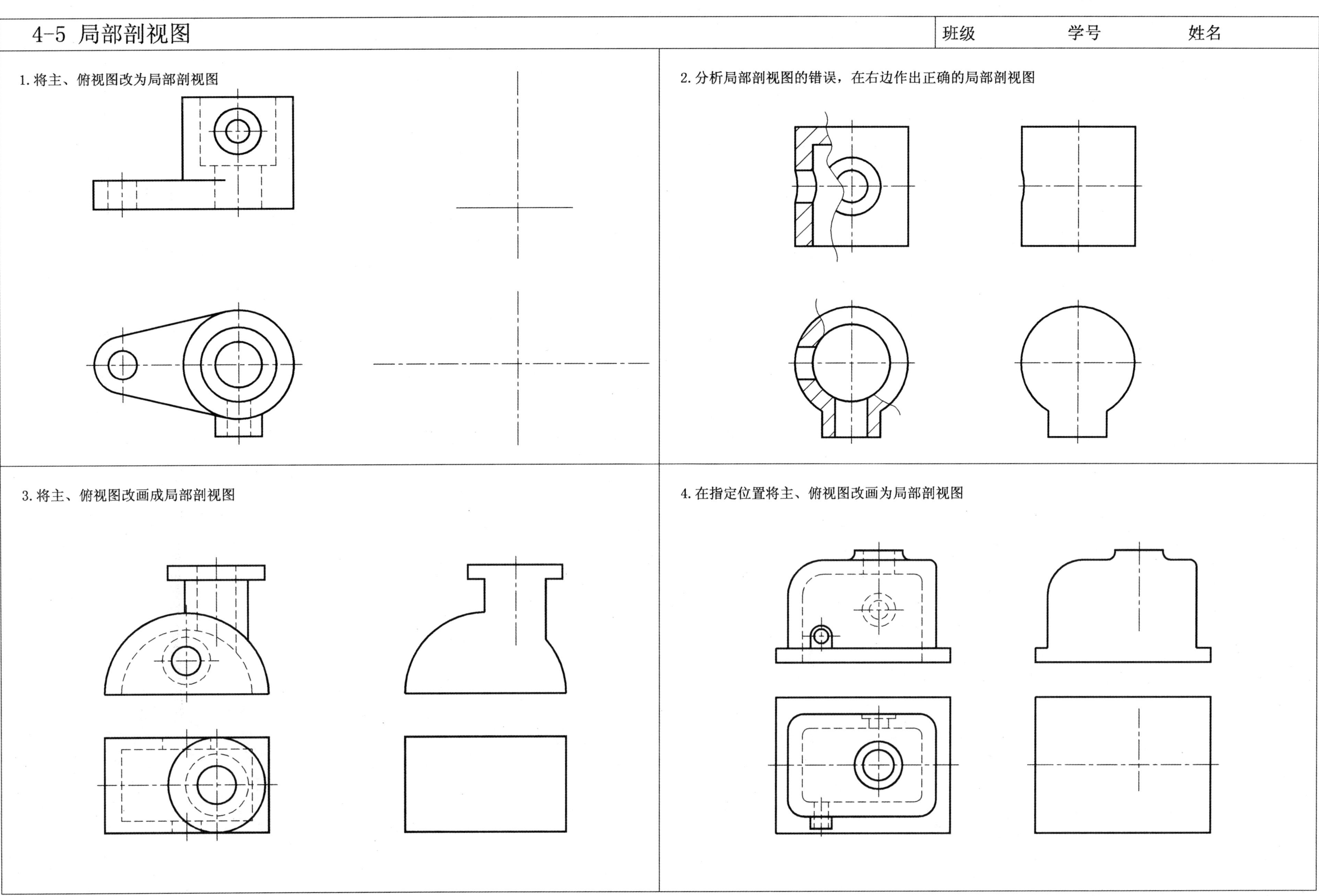
1. 将主、俯视图改为局部剖视图
2. 分析局部剖视图的错误，在右边作出正确的局部剖视图
3. 将主、俯视图改画成局部剖视图
4. 在指定位置将主、俯视图改画为局部剖视图

4-6 旋转剖、阶梯剖视图

班级　　　　学号　　　　姓名

1. 在指定位置用阶梯剖将主视图改画成全剖视图

2. 在指定位置用阶梯剖将主视图改画成全剖视图

3. 在指定位置用阶梯剖将主视图改画成全剖视图

4. 在指定位置用旋转剖将主视图改画成全剖视图

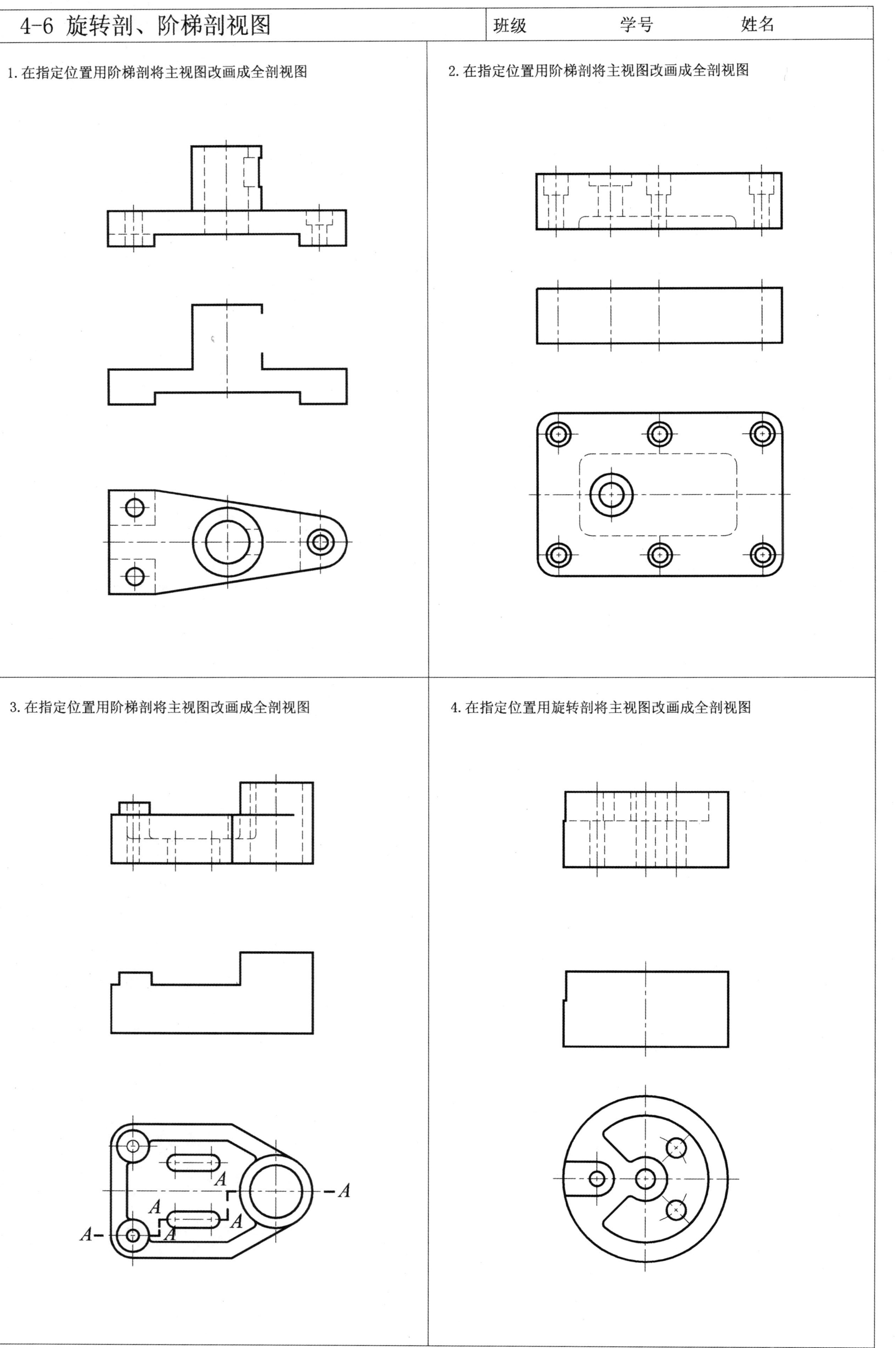

4-7 斜剖、复合剖视图

班级　　　　学号　　　　姓名

1. 完成机件*A*-*A*斜剖视图

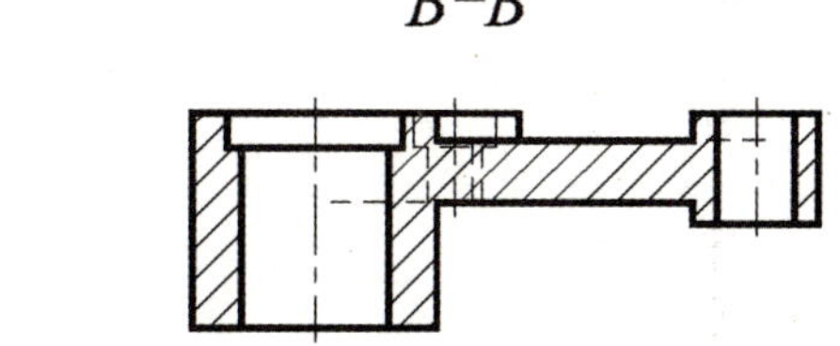

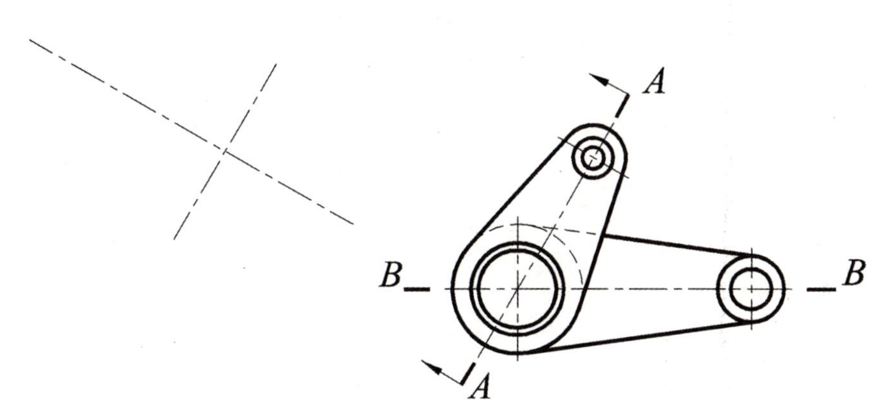

2.画出机件A-A斜剖视图和*B*-*B*全剖视图

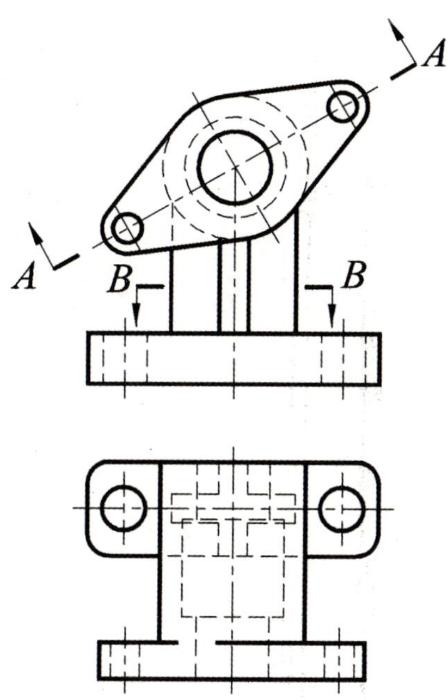

3. 在指定位置将主视图画成复合剖视图

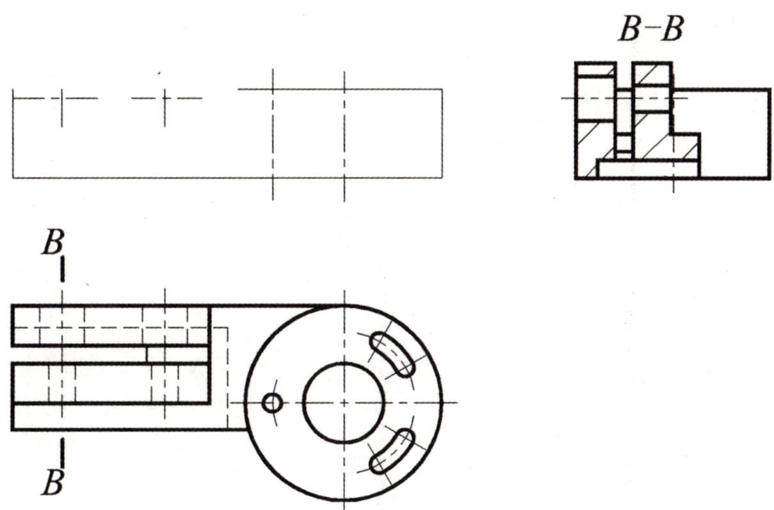

4. 画出机件被复合剖切后的全剖主视图

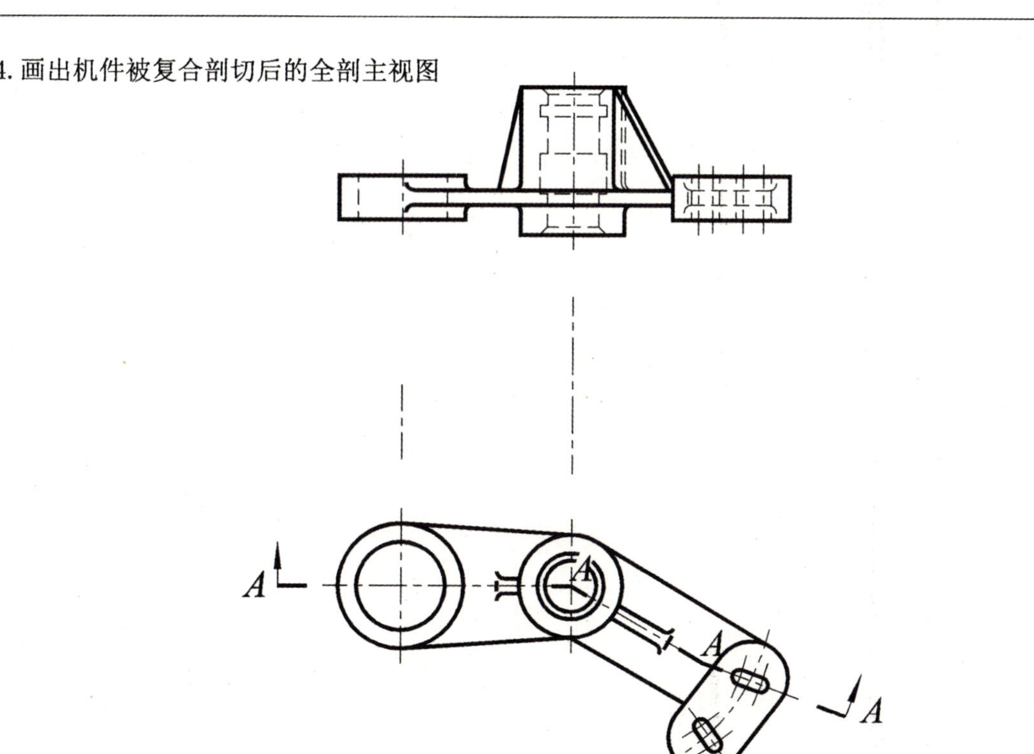

4-8 断面图、简化画法	班级 学号 姓名

1. 按图示剖切位置，作机件的移出断面

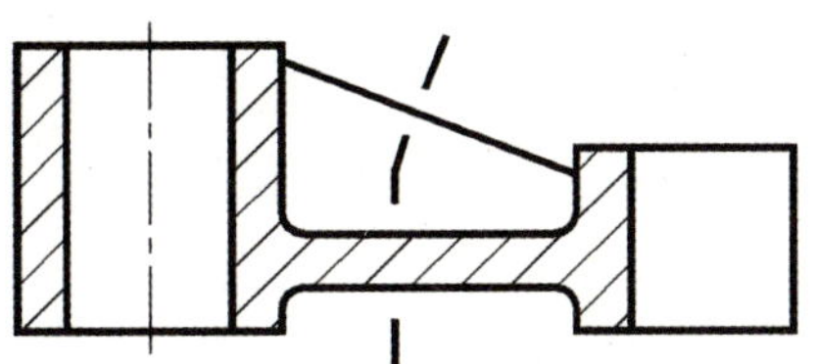

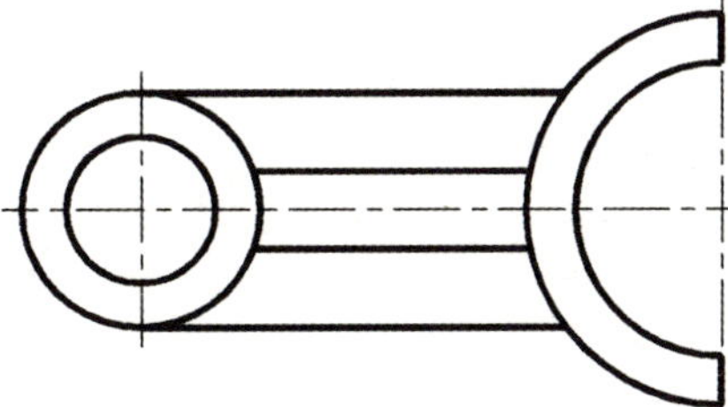

2. 在主视图上画出十字筋的重合断面

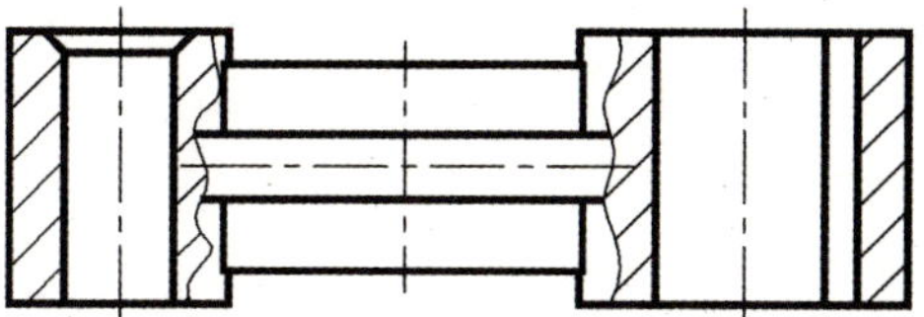

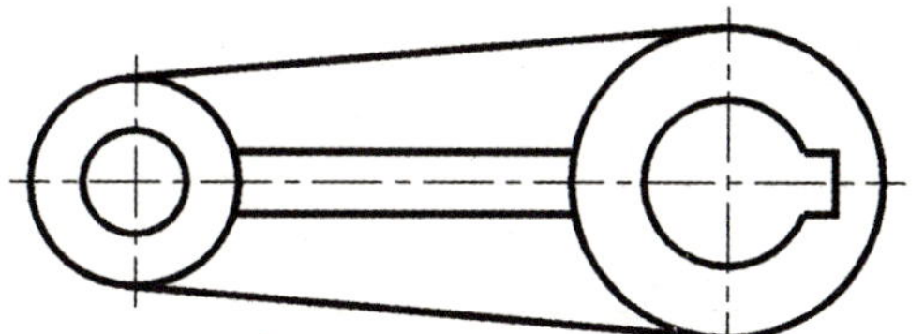

3. 在指定位置将主视图画成剖视的简化画法

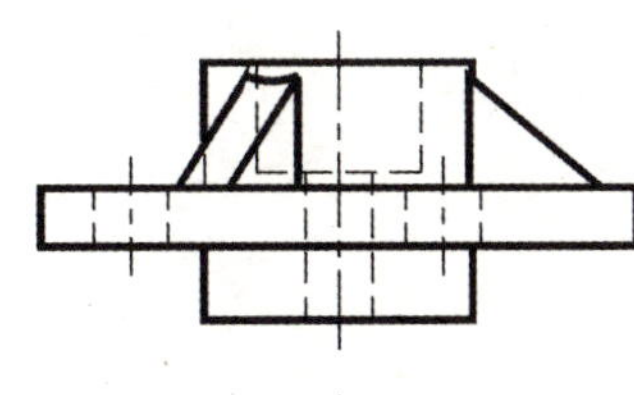

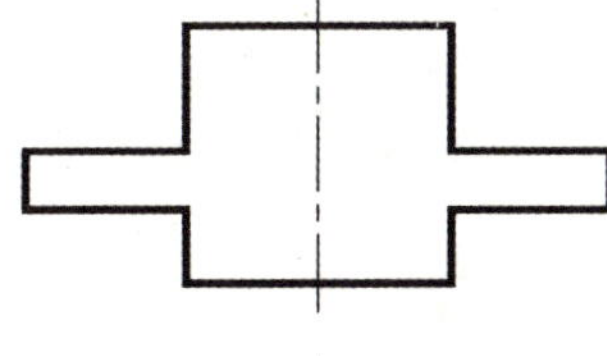

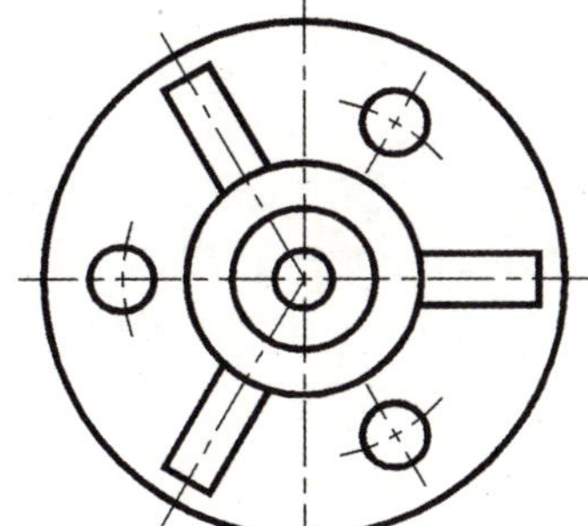

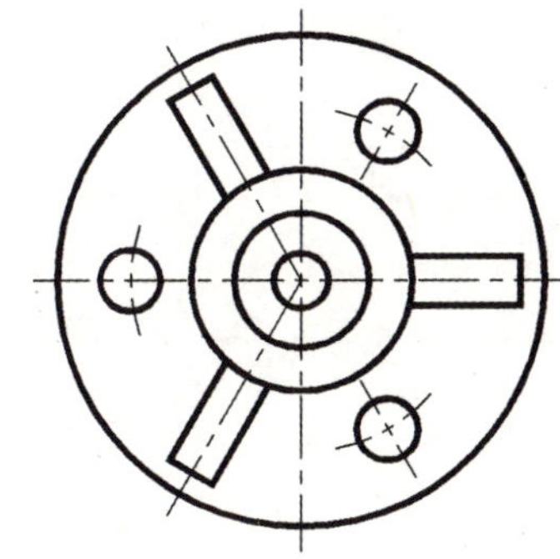

4. 画出指定的断面图（左面键槽深4mm，右面键槽深3mm）

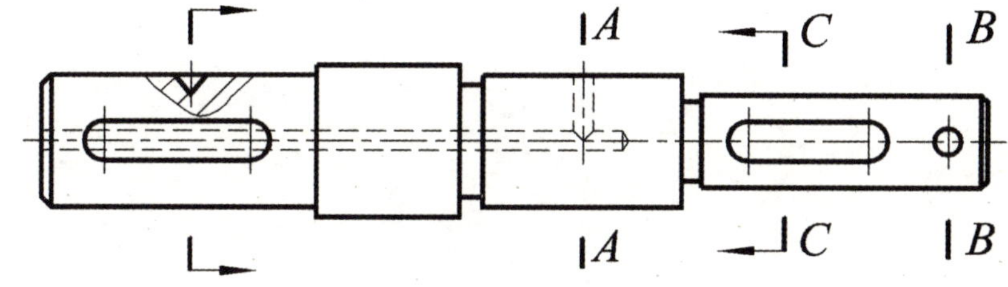

A-A C-C B-B

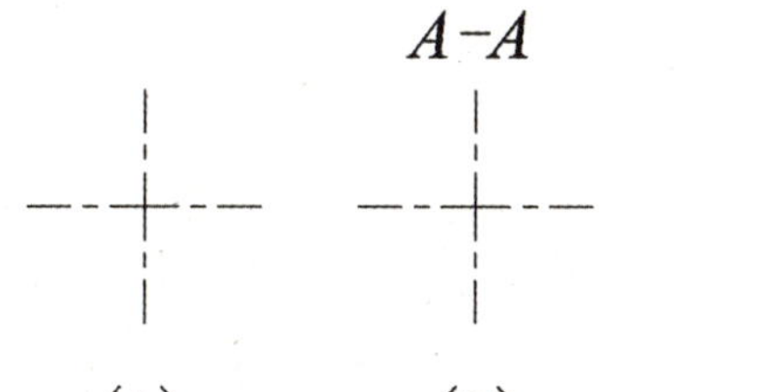

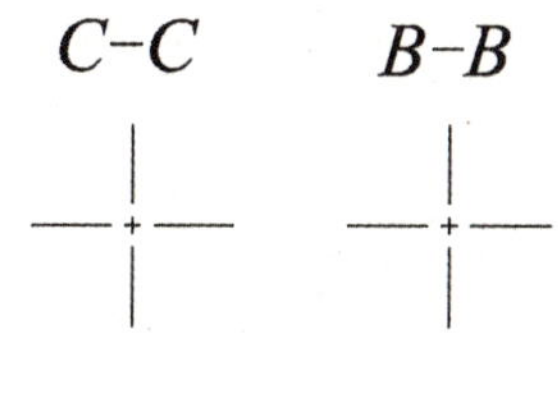

(1) (2) (3) (4)

4-9 综合运用机件常用表达方法

班级　　　　学号　　　　姓名

1. 用适当的表达方法画出下列机件的图形，并标注尺寸（尺寸数值按1:1量取，取整数），画在$A3$图纸上

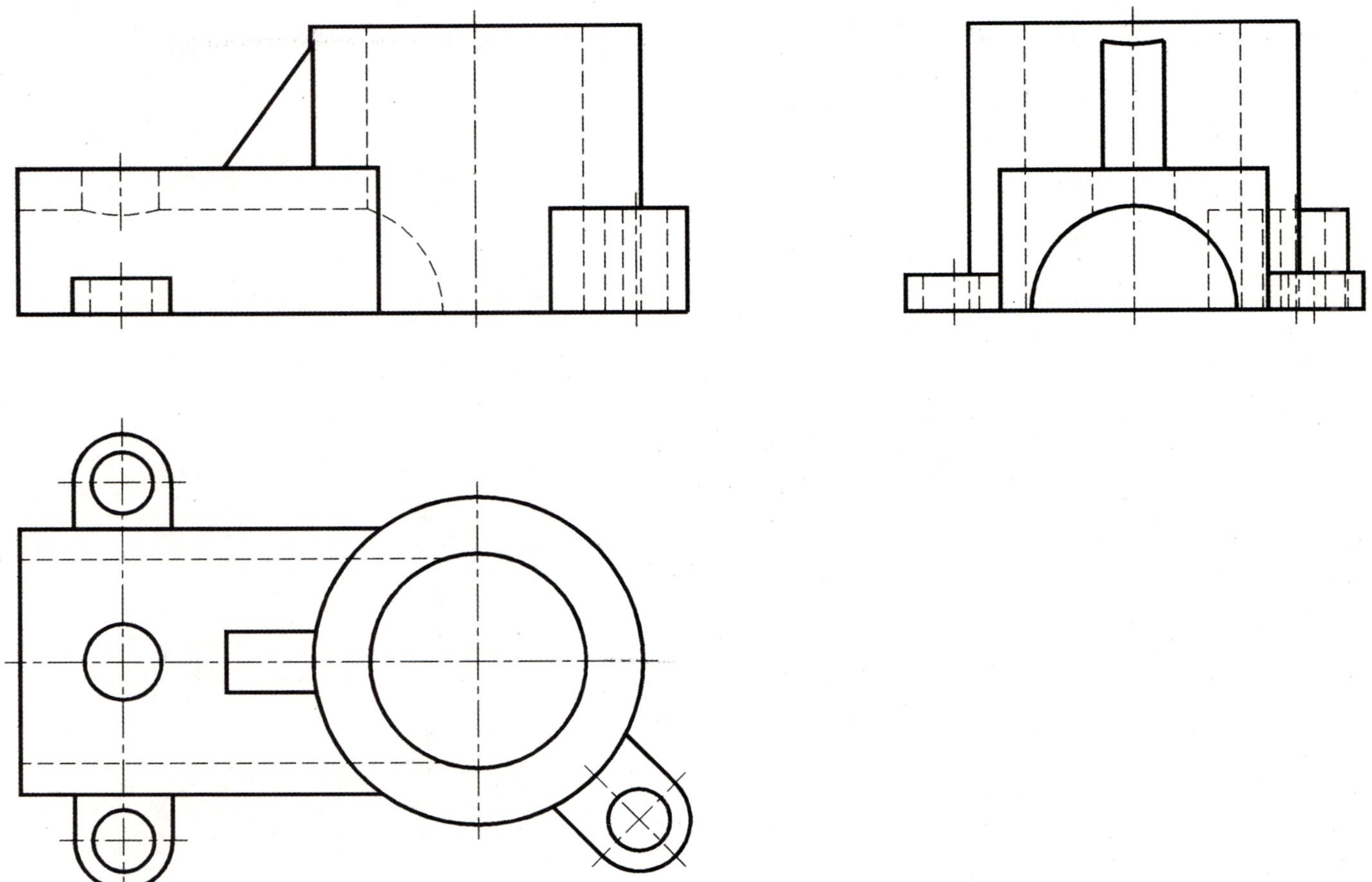

2. 用适当的表达方法画出下列机件的图形，并标注尺寸（尺寸数值按1:1量取，取整数），画在$A3$图纸上

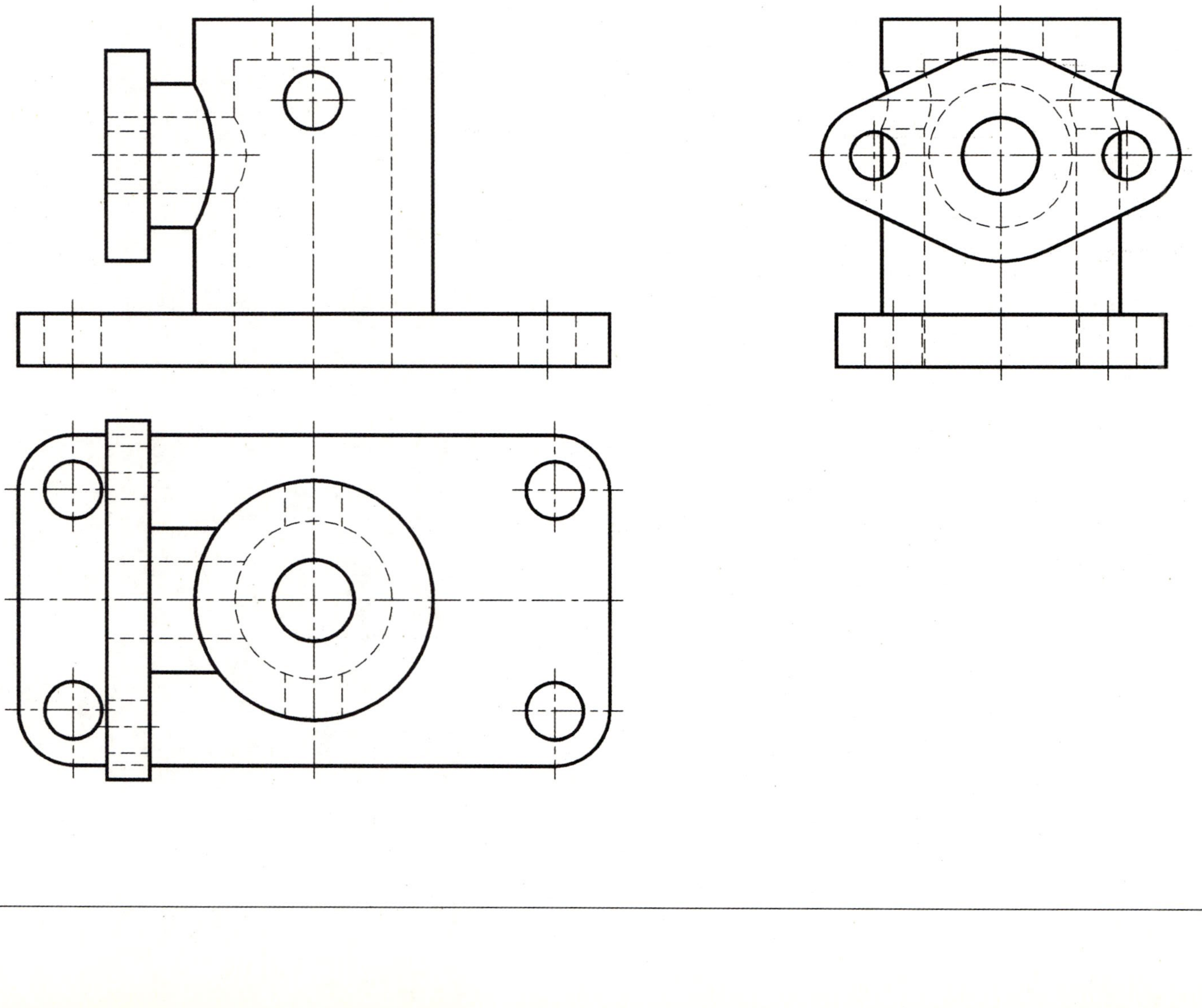

4-10 综合运用机件常用表达方法（续）

班级　　学号　　姓名

3. 根据所给视图，选用适当的表达方法在*A*3图纸上，用1:1的比例画出机件，并标注尺寸

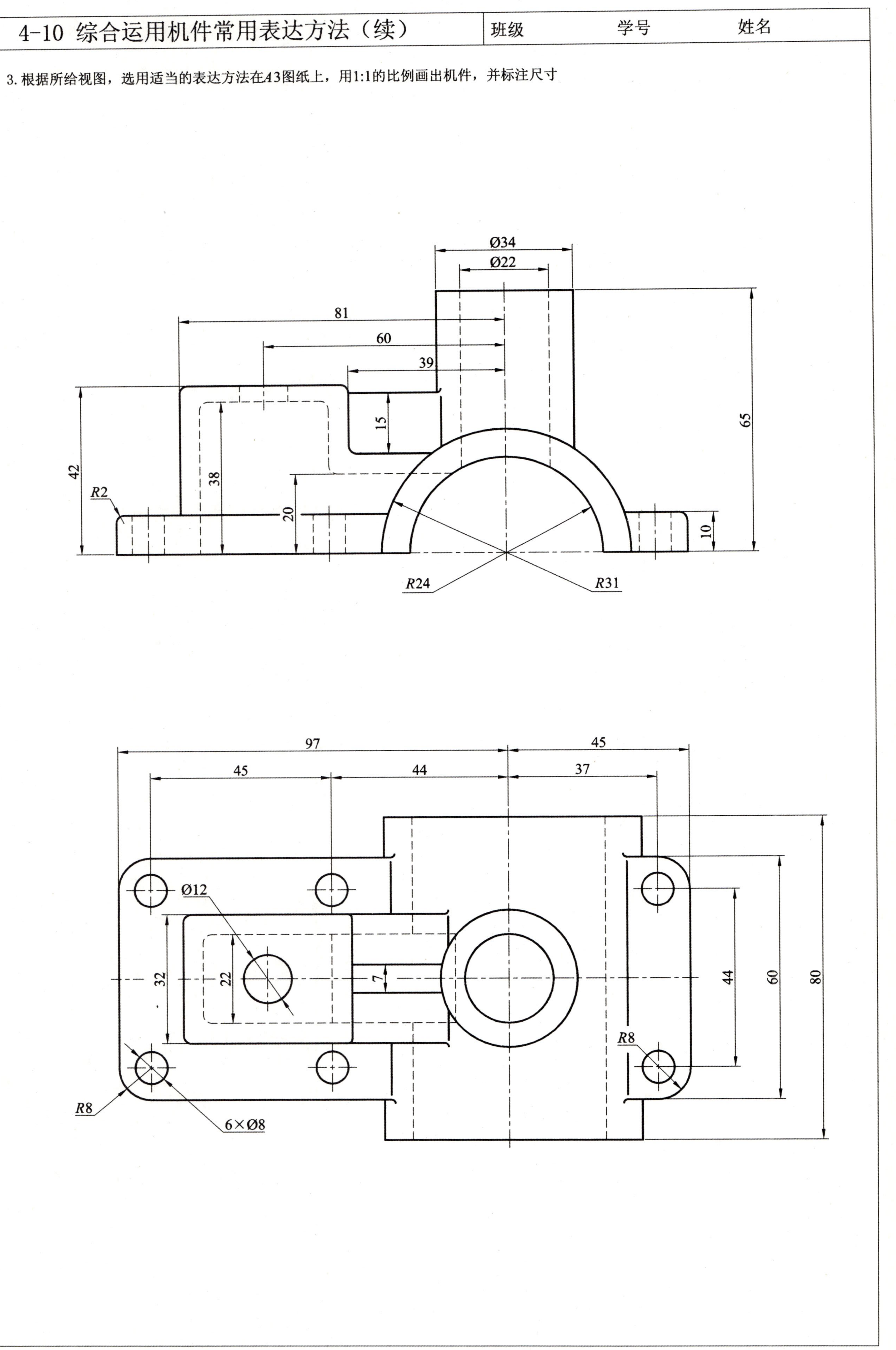

项目五：叉架类零件测绘与绘制

5-1 公差与配合	班级	学号	姓名

1. 解释配合代号的含义，并查出偏差值标注在图上

（1）套轴对泵体孔Ø28 $\frac{H7}{g6}$

基本尺寸________，基_____制，

公差等级______级，______配合。

轴套：上偏差______，

下偏差______。

泵体：上偏差______，

下偏差______。

（2）套轴对轴径Ø22 $\frac{H6}{k5}$

基本尺寸________，基_____制，

公差等级______级，______配合。

轴套：上偏差______，

下偏差______。

轴径：上偏差______，

下偏差______。

根据配合代号，分别标注出下面孔和轴的偏差值

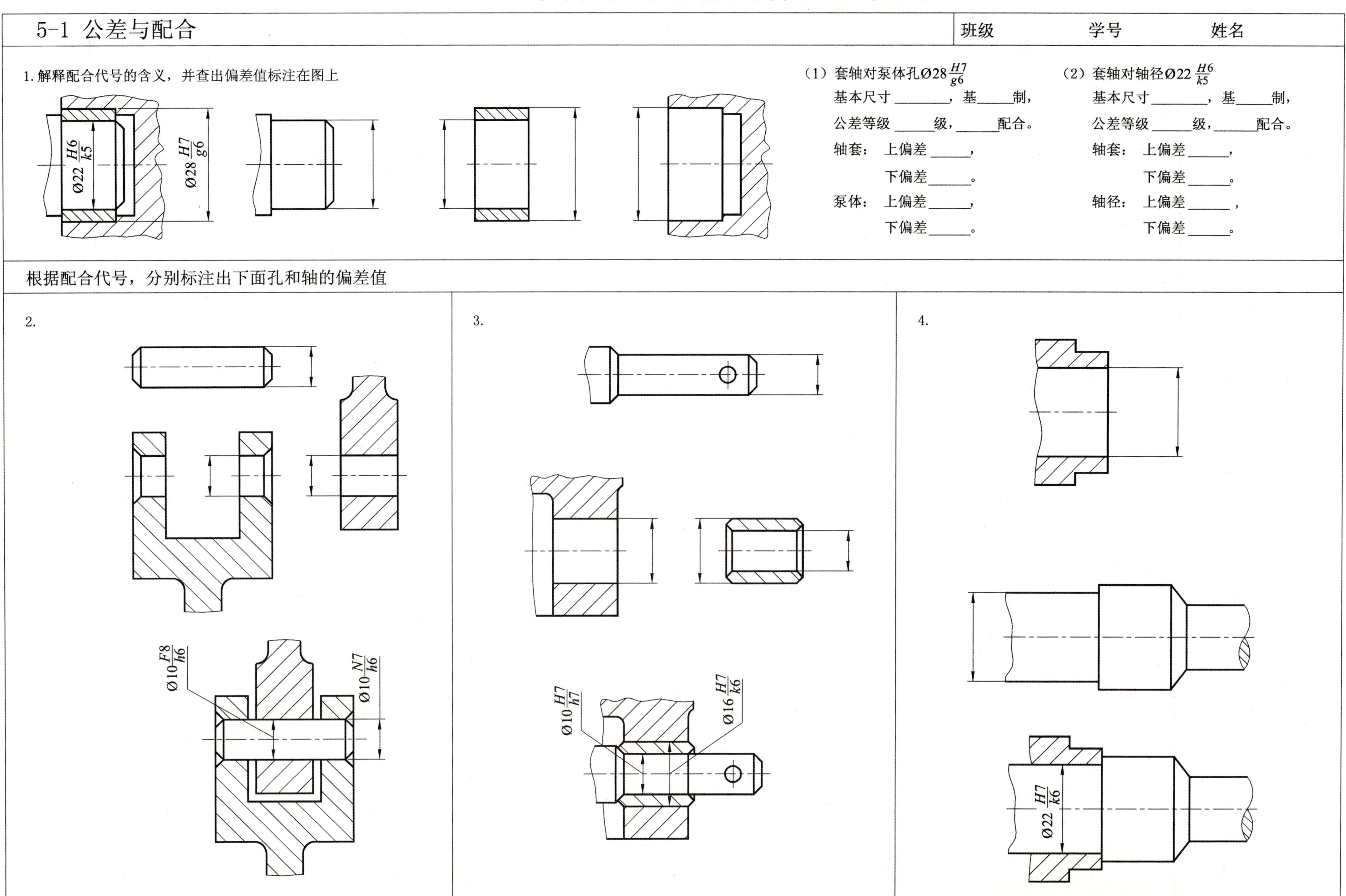

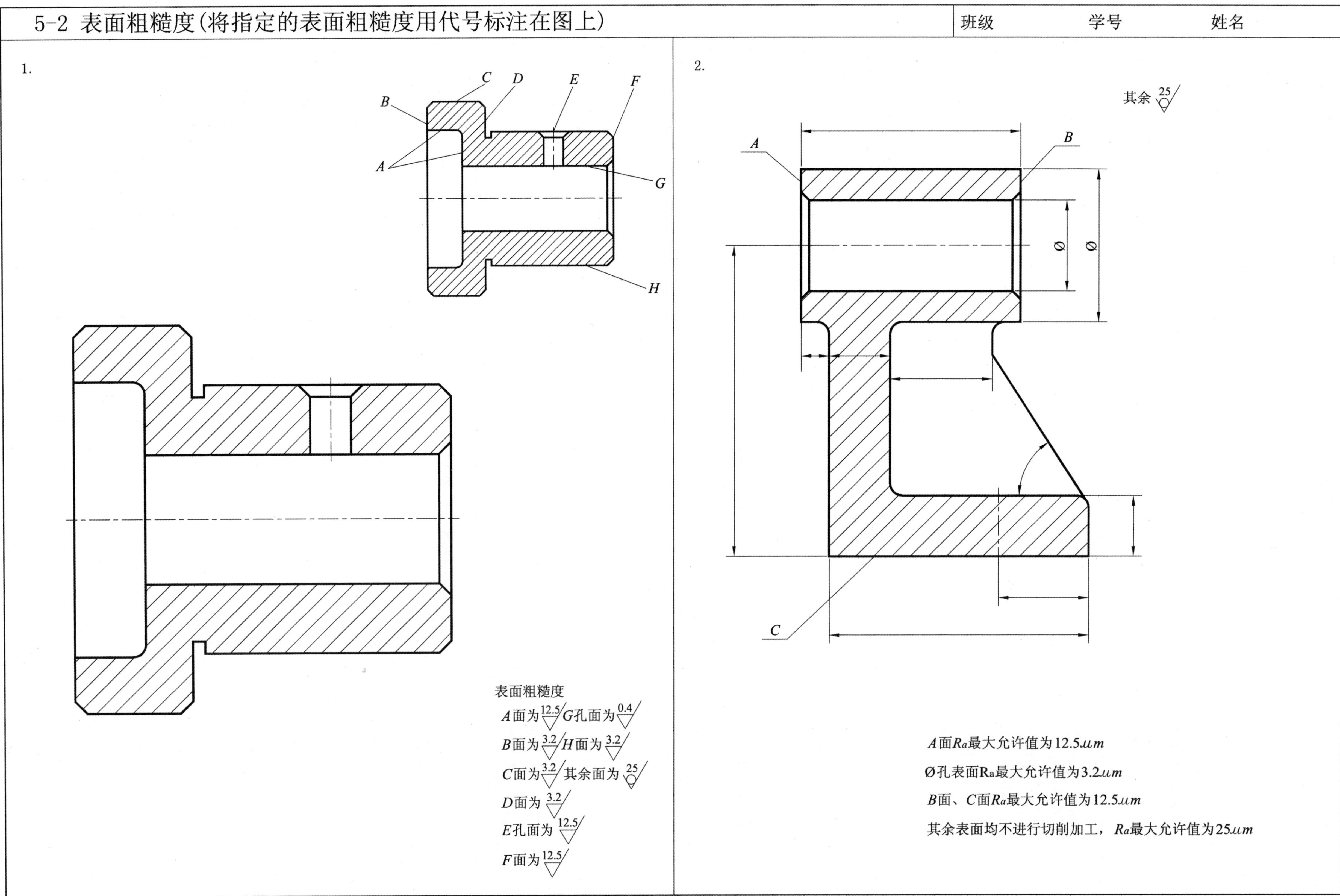
5-2 表面粗糙度(将指定的表面粗糙度用代号标注在图上)
班级
学号
姓名
1.
C
D
E
F
B
A
G
H
表面粗糙度
A面为12.5 G孔面为0.4
B面为3.2 H面为3.2
C面为3.2 其余面为25
D面为3.2
E孔面为12.5
F面为12.5
2.
其余25
A
B
Ø
Ø
C
A面Ra最大允许值为12.5um
Ø孔表面Ra最大允许值为3.2um
B面、C面Ra最大允许值为12.5um
其余表面均不进行切削加工，Ra最大允许值为25um

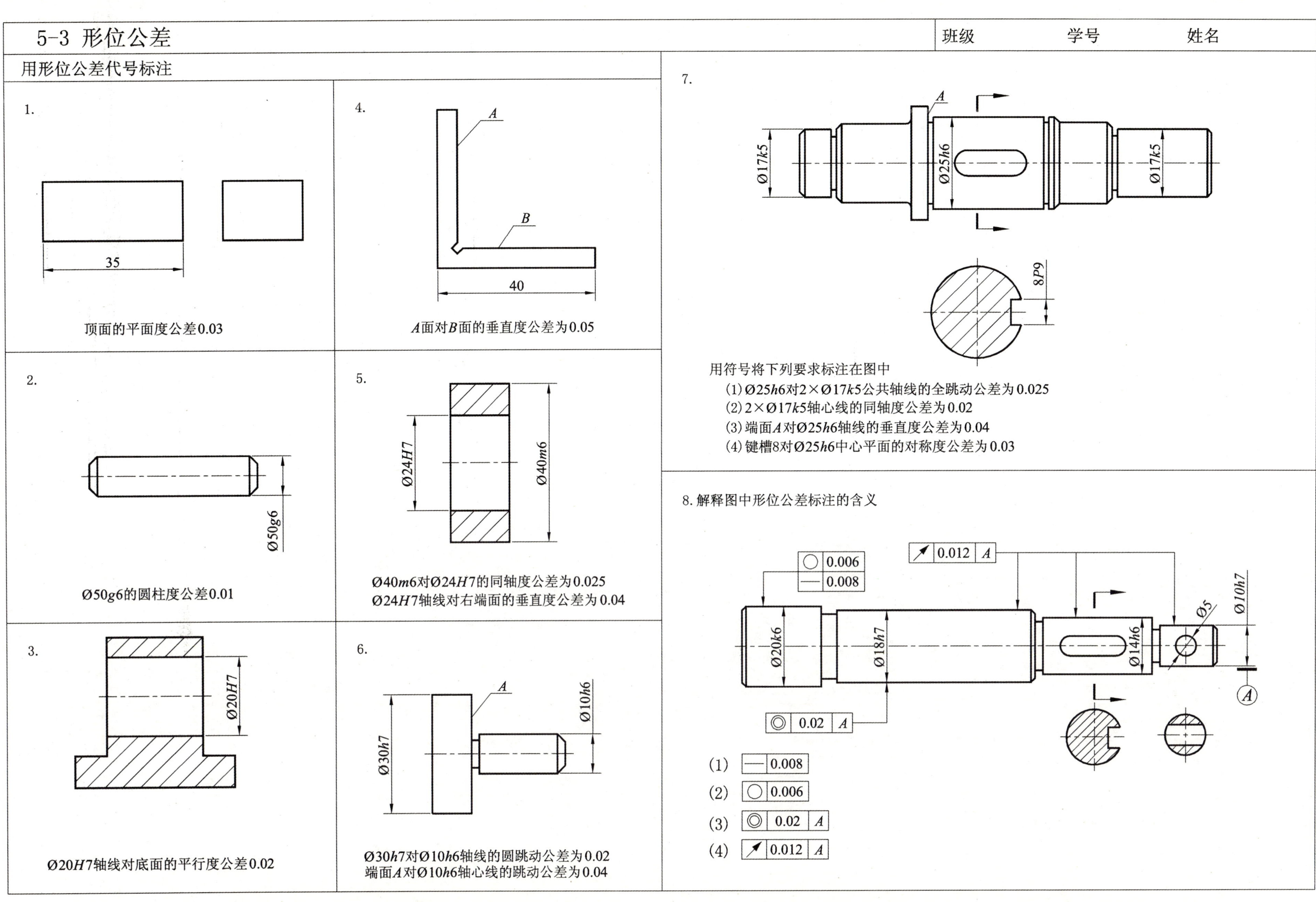
5-3 形位公差
班级 学号 姓名
用形位公差代号标注
1.
35
顶面的平面度公差0.03
2.
Ø50g6
Ø50g6的圆柱度公差0.01
3.
Ø20H7
Ø20H7轴线对底面的平行度公差0.02
4.
A
B
40
A面对B面的垂直度公差为0.05
5.
Ø24H7
Ø40m6
Ø40m6对Ø24H7的同轴度公差为0.025
Ø24H7轴线对右端面的垂直度公差为0.04
6.
A
Ø30h7
Ø10h6
Ø30h7对Ø10h6轴线的圆跳动公差为0.02
端面A对Ø10h6轴心线的跳动公差为0.04
7.
A
Ø17k5
Ø25h6
Ø17k5
8P9
用符号将下列要求标注在图中
(1) Ø25h6对2×Ø17k5公共轴线的全跳动公差为0.025
(2) 2×Ø17k5轴心线的同轴度公差为0.02
(3) 端面A对Ø25h6轴线的垂直度公差为0.04
(4) 键槽8对Ø25h6中心平面的对称度公差为0.03
8. 解释图中形位公差标注的含义
0.006
0.008
0.012 A
Ø10h7
Ø5
Ø20k6
Ø18h7
Ø14h6
A
0.02 A
(1) 0.008
(2) 0.006
(3) 0.02 A
(4) 0.012 A

5-4 读零件图并回答问题

班级　　学号　　姓名

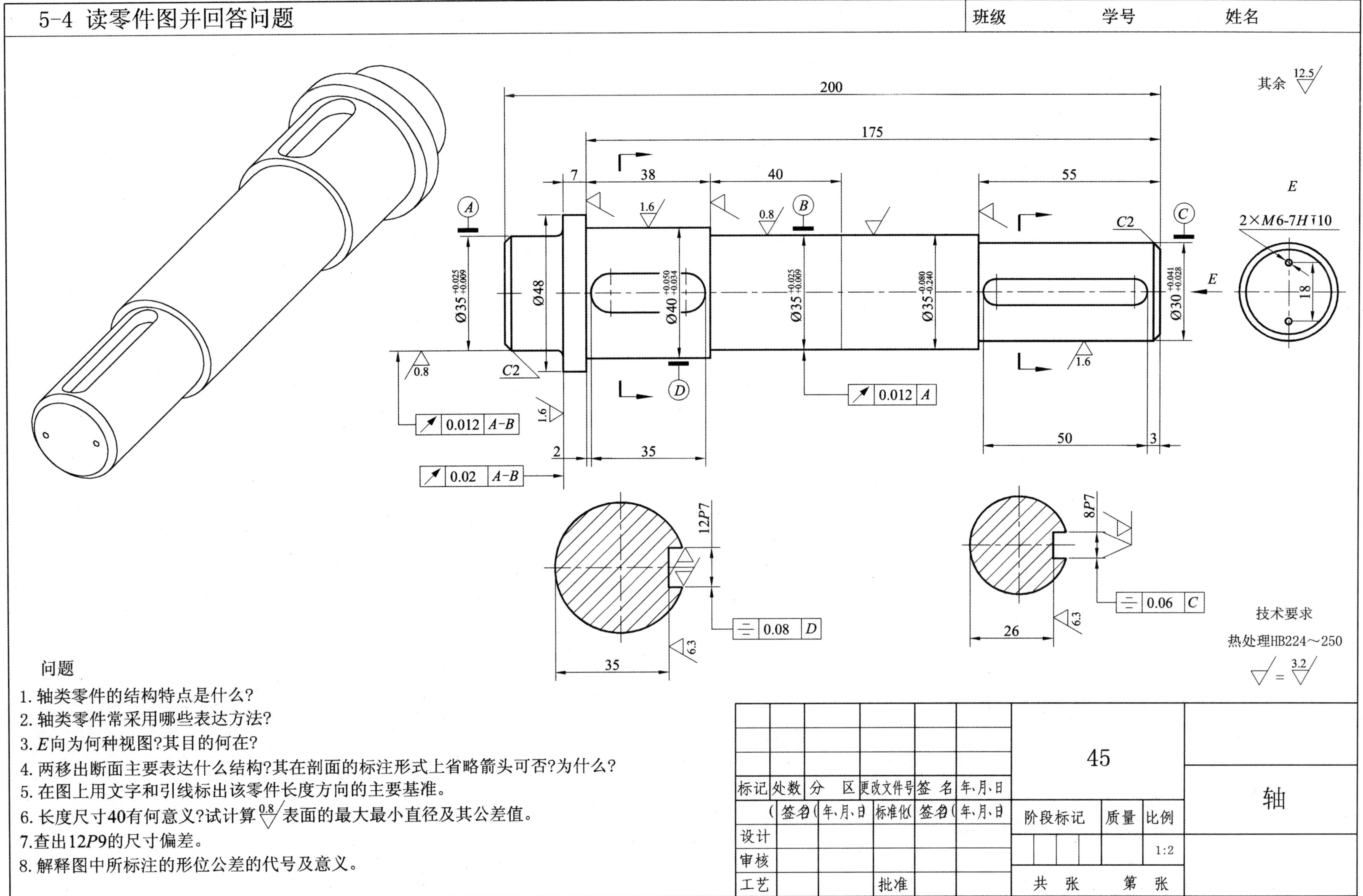

问题

1. 轴类零件的结构特点是什么?
2. 轴类零件常采用哪些表达方法?
3. E向为何种视图?其目的何在?
4. 两移出断面主要表达什么结构?其在剖面的标注形式上省略箭头可否?为什么?
5. 在图上用文字和引线标出该零件长度方向的主要基准。
6. 长度尺寸40有何意义?试计算 0.8 表面的最大最小直径及其公差值。
7. 查出12P9的尺寸偏差。
8. 解释图中所标注的形位公差的代号及意义。

5-5 读零件图并回答问题

班级　　　　学号　　　　姓名

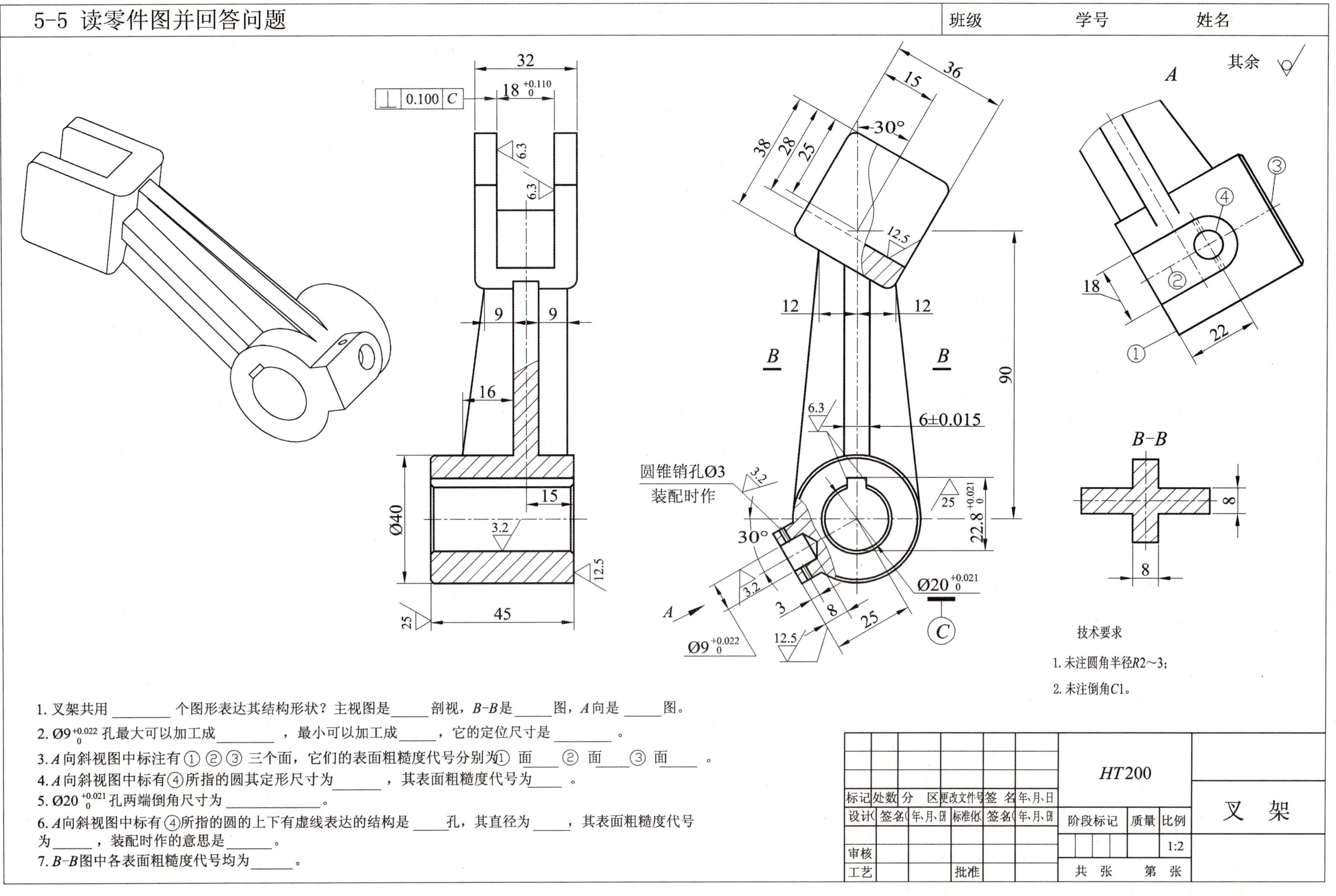

1. 叉架共用________个图形表达其结构形状？主视图是_____剖视，*B-B*是_____图，*A*向是_____图。
2. Ø9$^{+0.022}_{0}$孔最大可以加工成________，最小可以加工成_____，它的定位尺寸是________。
3. *A*向斜视图中标注有①②③三个面，它们的表面粗糙度代号分别为① 面____ ② 面____ ③ 面_____。
4. *A*向斜视图中标有④所指的圆其定形尺寸为_______，其表面粗糙度代号为_____。
5. Ø20$^{+0.021}_{0}$孔两端倒角尺寸为____________。
6. *A*向斜视图中标有④所指的圆的上下有虚线表达的结构是_____孔，其直径为_____，其表面粗糙度代号为______，装配时作的意思是______。
7. *B-B*图中各表面粗糙度代号均为______。

						*HT*200			
标记	处数	分区	更改文件号	签名	年、月、日				叉架
设计	签名	年、月、日	标准化	签名	年、月、日	阶段标记	质量	比例	
								1:2	
审核									
工艺			批准			共　张		第　张	

项目六：标准件与常用件绘制

6-1 螺纹的规定画法和标注

班级　　学号　　姓名

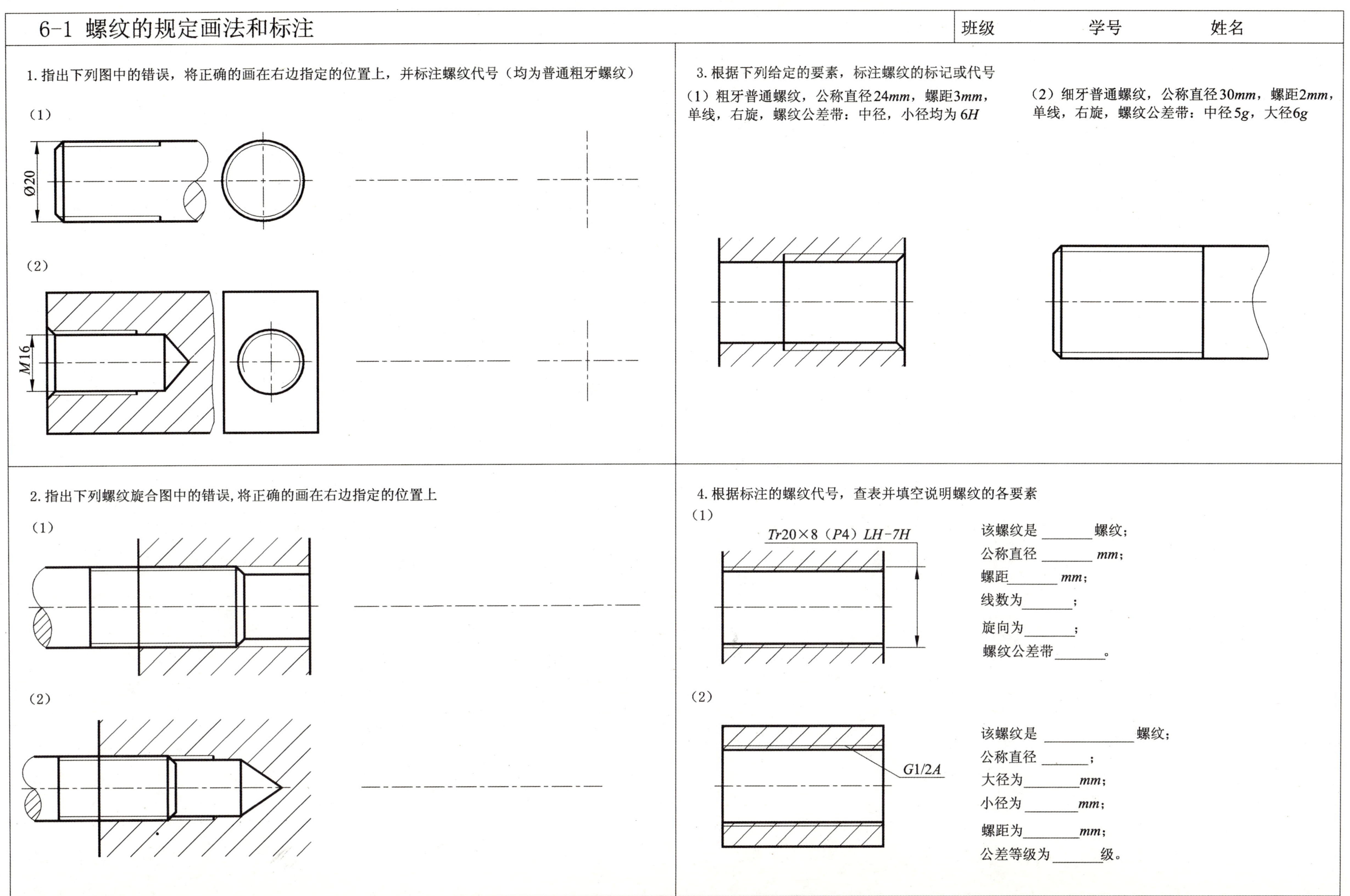

1. 指出下列图中的错误，将正确的画在右边指定的位置上，并标注螺纹代号（均为普通粗牙螺纹）

（1）

（2）

2. 指出下列螺纹旋合图中的错误，将正确的画在右边指定的位置上

（1）

（2）

3. 根据下列给定的要素，标注螺纹的标记或代号

（1）粗牙普通螺纹，公称直径24*mm*，螺距3*mm*，单线，右旋，螺纹公差带：中径，小径均为6*H*

（2）细牙普通螺纹，公称直径30*mm*，螺距2*mm*，单线，右旋，螺纹公差带：中径5*g*，大径6*g*

4. 根据标注的螺纹代号，查表并填空说明螺纹的各要素

（1）

该螺纹是______螺纹；

公称直径______*mm*；

螺距______*mm*；

线数为______；

旋向为______；

螺纹公差带______。

（2）

该螺纹是______螺纹；

公称直径______；

大径为______*mm*；

小径为______*mm*；

螺距为______*mm*；

公差等级为______级。

6-2 查表标注尺寸，并写出标记

班级　　　　学号　　　　姓名

1. 六角头螺栓:直径 d=10*mm*, 长度 L=40*mm*（*GB/T* 5780-2000）

标记:________________

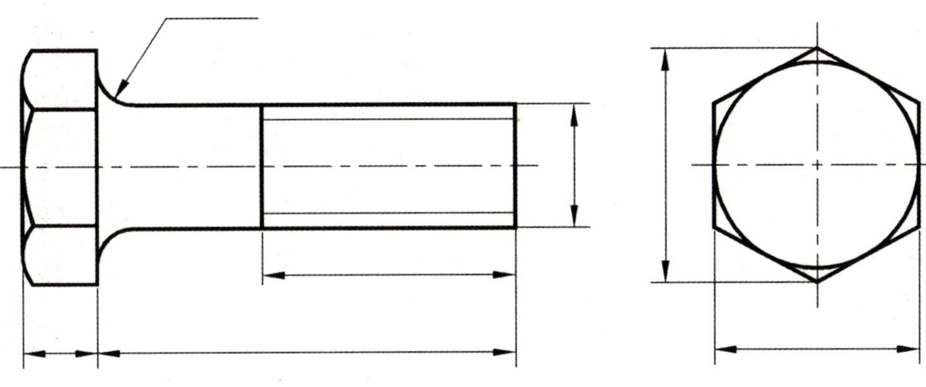

2. 垫圈12:（*GB/T* 97.1-2002）

标记________________

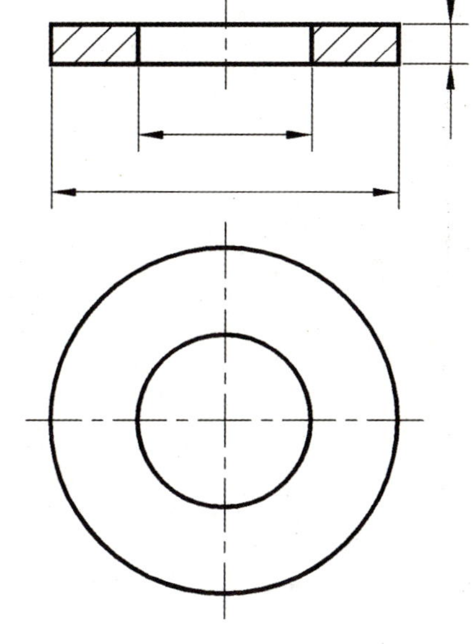

3. 开槽圆柱头螺钉:直径 d=10*mm*, 长度 L=40*mm*(*GB/T* 65-2000)

标记:________________

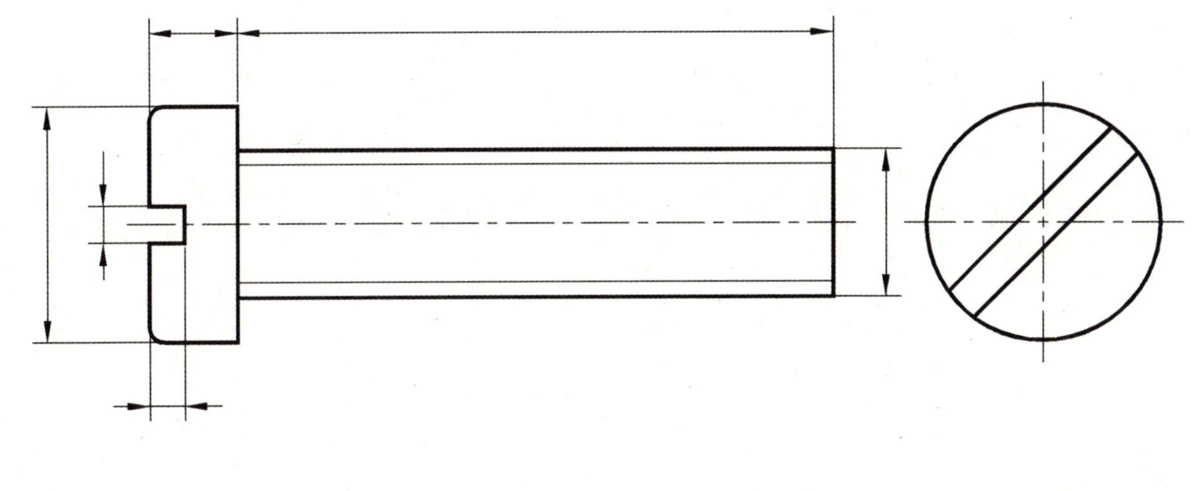

4. 六角螺母:直径 D=20*mm* (*GB/T* 6170-2000）

标记:________________

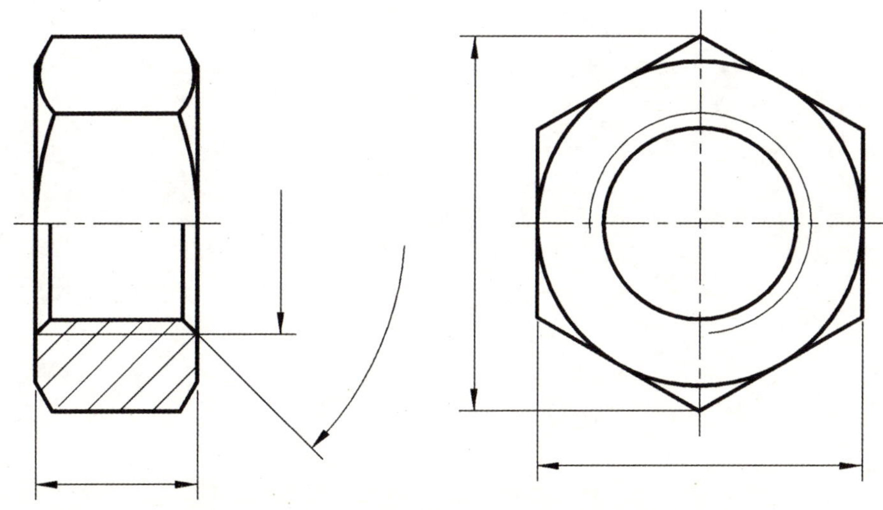

6-3 螺纹紧固件的连接画法

班级　　学号　　姓名

1.分析螺栓连接装配图中的错误，并把正确的画在右边指定的位置上。（螺栓的公称直径为 10*mm*）

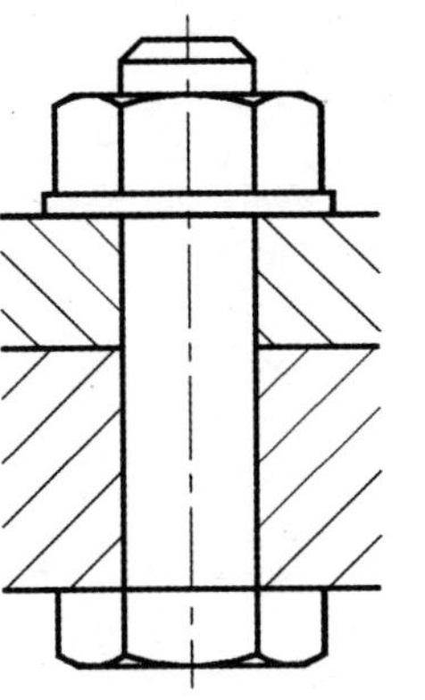
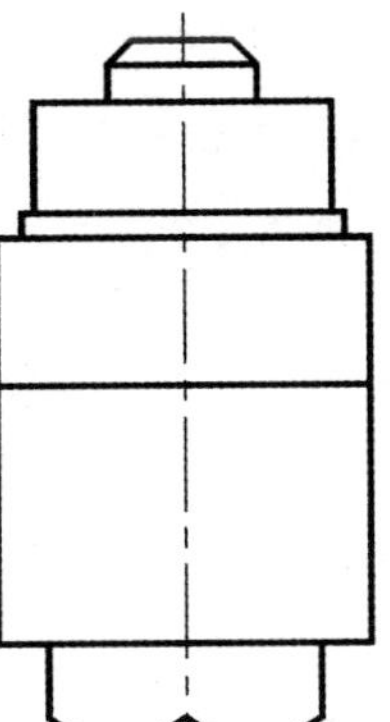
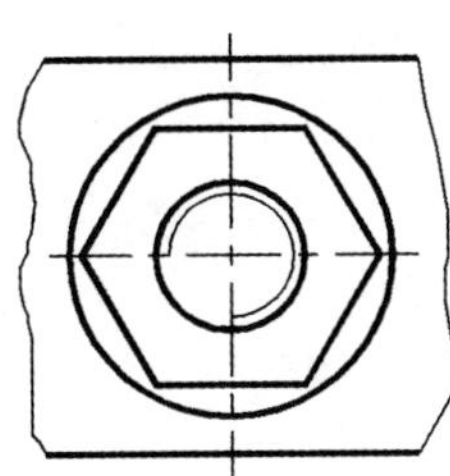

2.分析螺钉连接装配图中的错误，并把正确的画在右边指定的位置上。（螺钉的公称直径为 10*mm*）

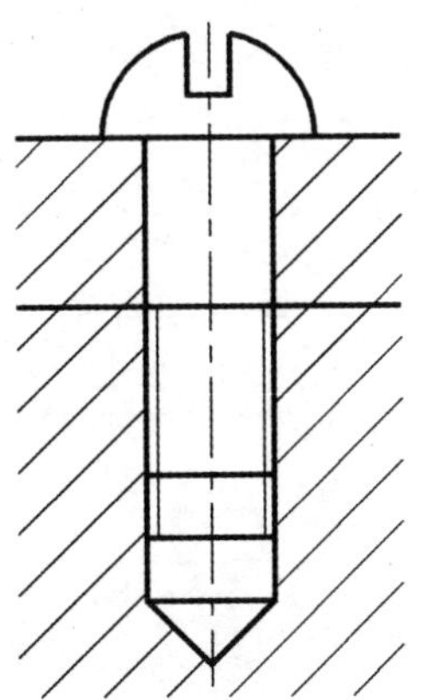
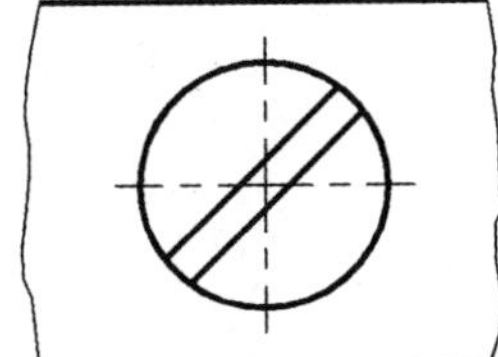

3.已知螺栓*GB/T* 5780-2000-*M*16×80，螺母*GB/T* 6170-2000-*M*16，垫圈 *GB/T* 97.1-2002 16，用近似画法画出连接后的主、俯视图

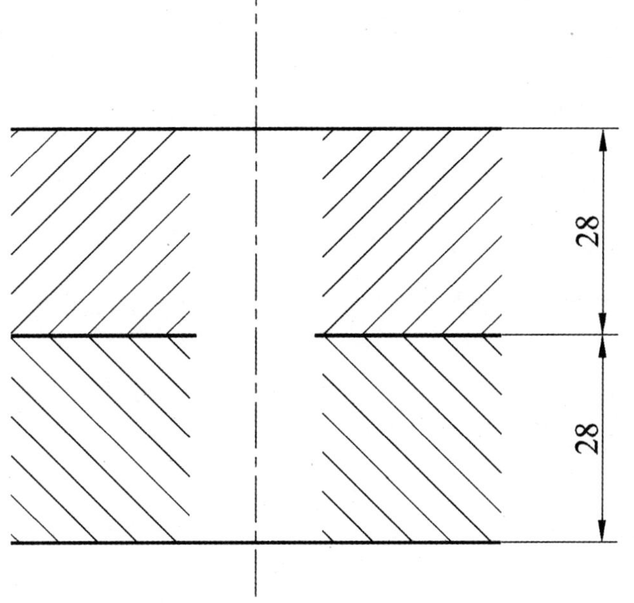

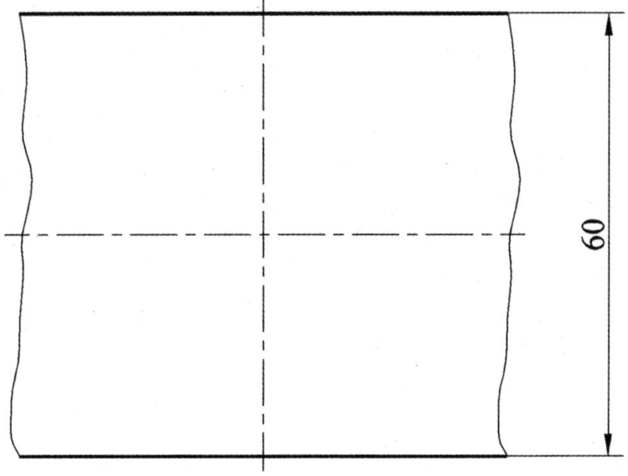

6-4 键、滚动轴承和弹簧的画法

班级　　　　　　学号　　　　　　姓名

1. 已知齿轮和轴，用*A*型圆头普通平键联结，轴孔直径为40*mm*，键的长度为40*mm*。（1）写出键的规定标记；（2）查表确定键和键槽的尺寸，用1:2画全下列各视图和剖面图，并标注出（1）和（2）图中轴径和键槽的尺寸

键的规定标记：____________________

（1）轴

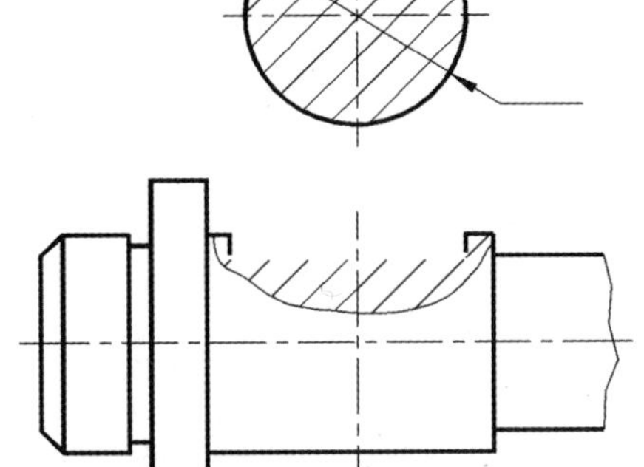

（2）齿轮

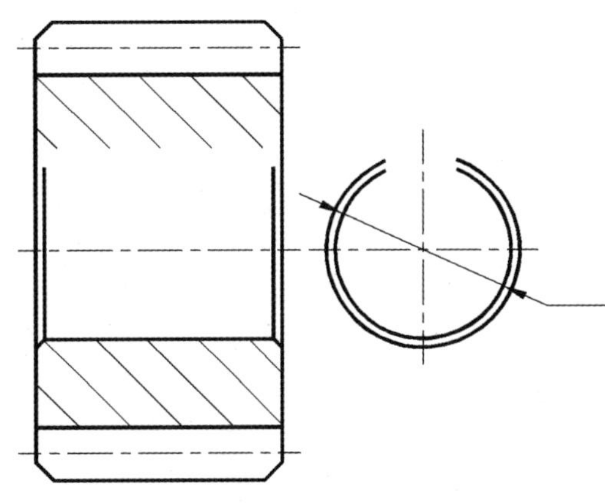

（3）齿轮和轴

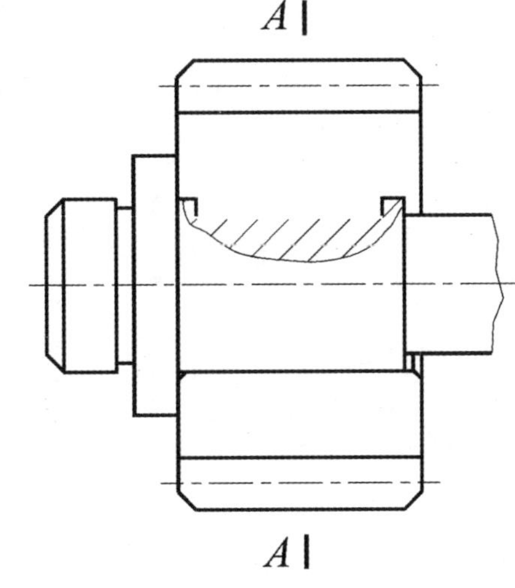

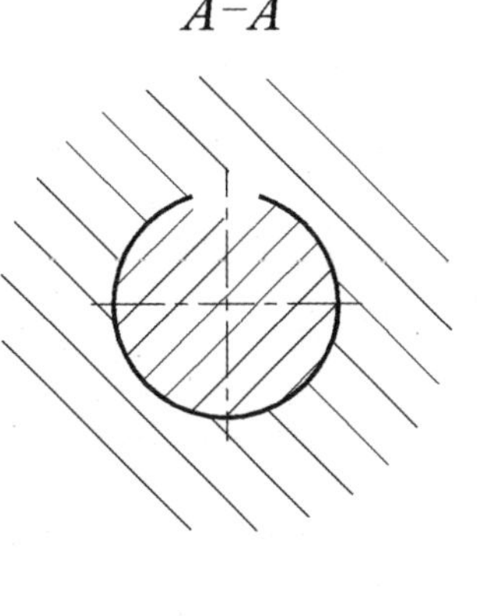

2. 已知阶梯轴两端支撑轴肩处的直径分别为25*mm*和15*mm*，用1:1画出支撑处的滚动轴承（简化画法）

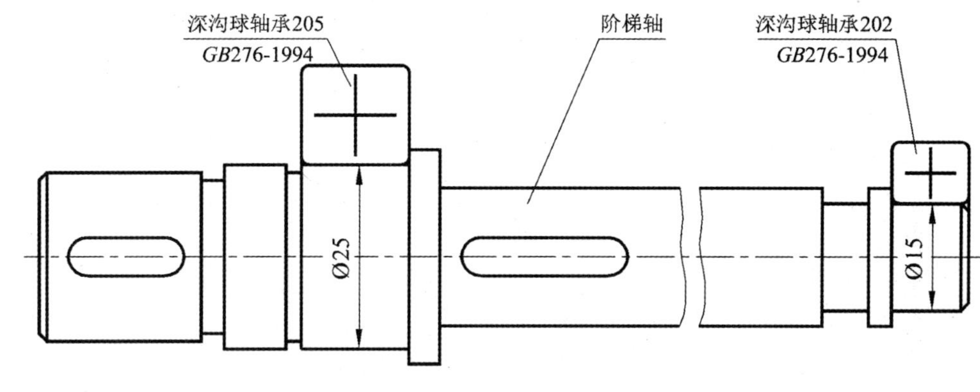

3. 已知圆柱螺旋压缩弹簧的簧丝直径d=5*mm*，弹簧外径D=55*mm*，节距t=10*mm*，有效圈数n=7，支撑圈数n_2=2.5，自由高度80*mm*右旋。用1:1画出弹簧的全剖视图（轴线水平位置）

6-5 直齿圆柱齿轮画法

班级　　学号　　姓名

1. 已知直齿圆柱齿轮模数 m=5, 齿数 z=40，试计算该齿轮的分度圆、齿顶圆和齿根圆的直径。用 1:2完成下列两视图，并注尺寸（轮齿的倒角为 $C1.5$）

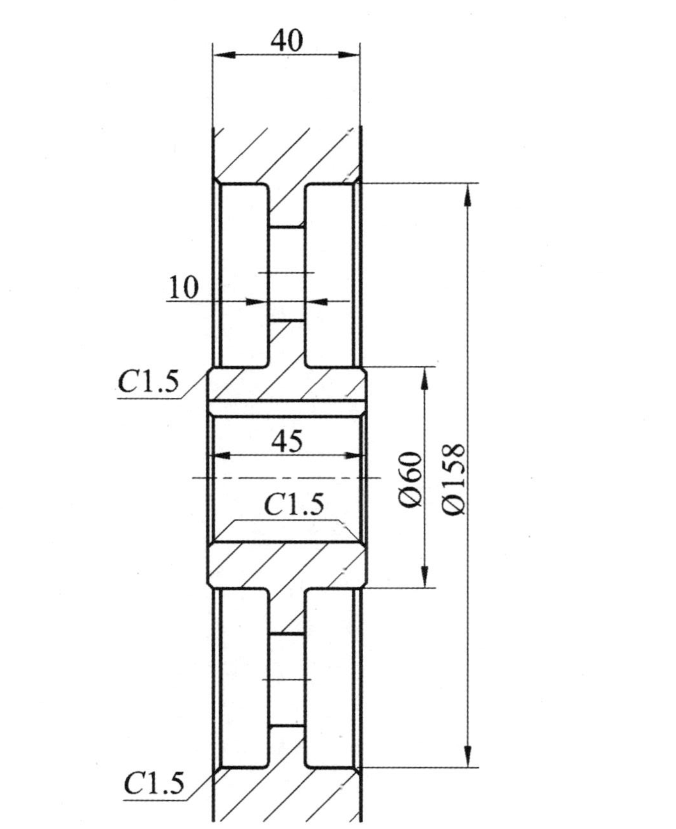

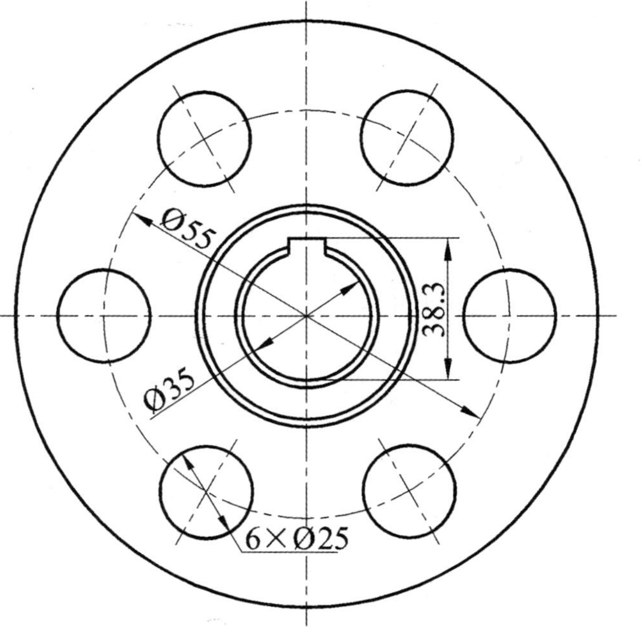

2. 已知大齿轮的模数 m=4，齿轮 Z_2=38，两齿轮的中心距 a=110mm，试计算大小两齿轮的分度圆、齿顶圆和齿根圆的直径及传动比。用1:2完成下列直齿圆柱齿轮的啮合图。将计算公式写在左侧空白处

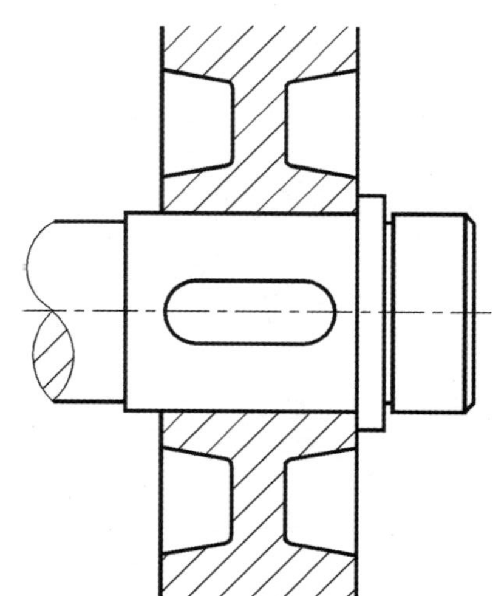

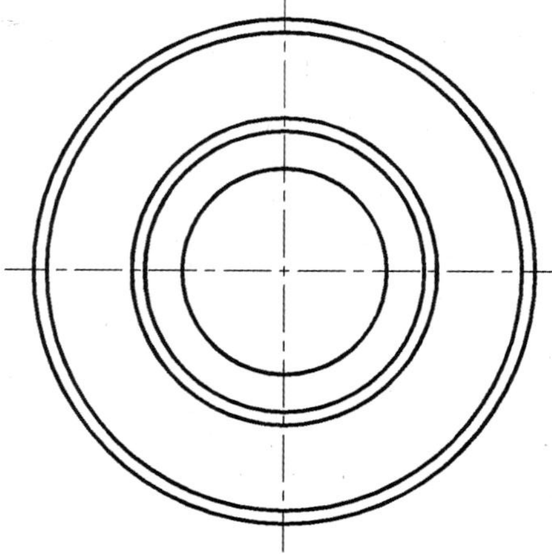

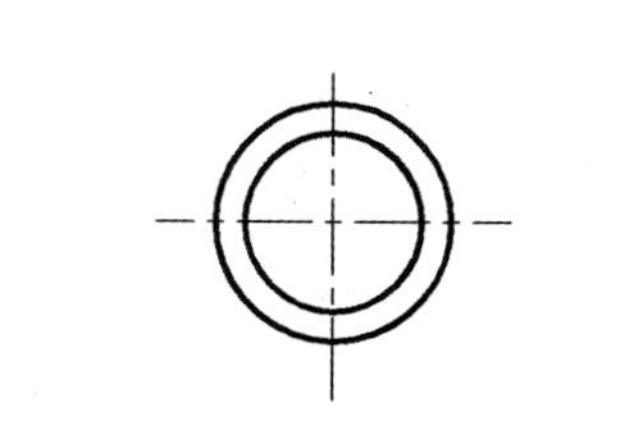

6-6 查教材附表，确定下列各标准件的尺寸，并写出标记

班级	学号	姓名

1. 圆柱销（公称直径为20*mm*，长度为100*mm*，直径公差为*m*6）

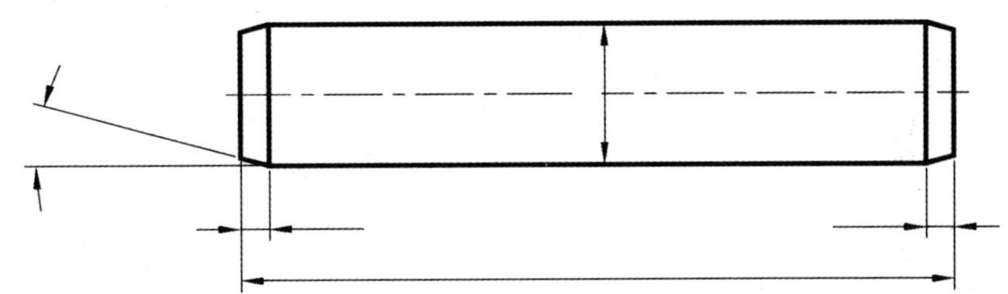

规定标记：________________

2. 圆锥销（A型，公称直径为20mm，长度为100mm）

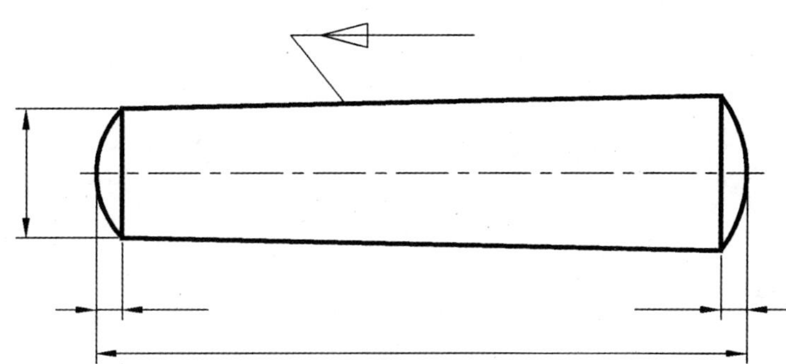

规定标记：________________

3. 销及销联接

(1) 选出适当长度的Ø5圆锥销，画出销联接的装配图，并写出销的规定标记。

14

规定标记：________________

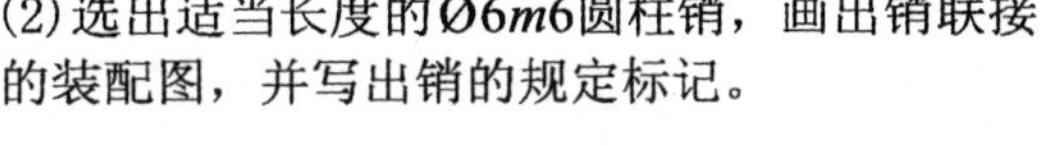

(2) 选出适当长度的Ø6*m*6圆柱销，画出销联接的装配图，并写出销的规定标记。

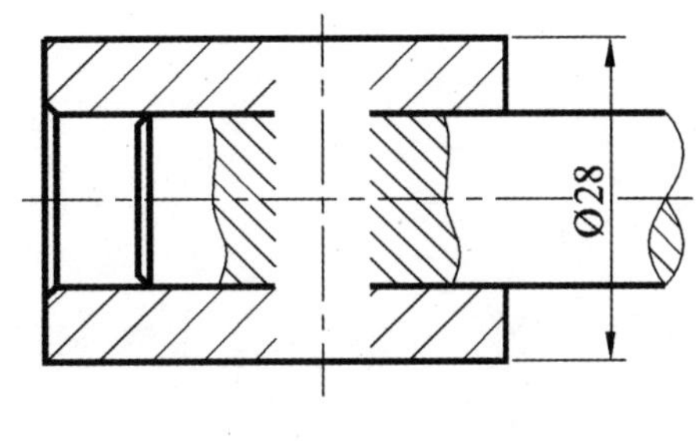

规定标记：________________

4. 圆头普通平键（公称尺寸为32*mm*×18*mm*）

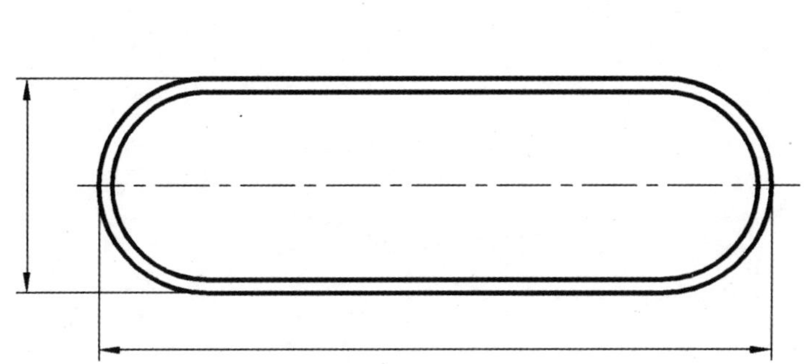

规定标记：________________

项目七：箱体类零件测绘与绘制

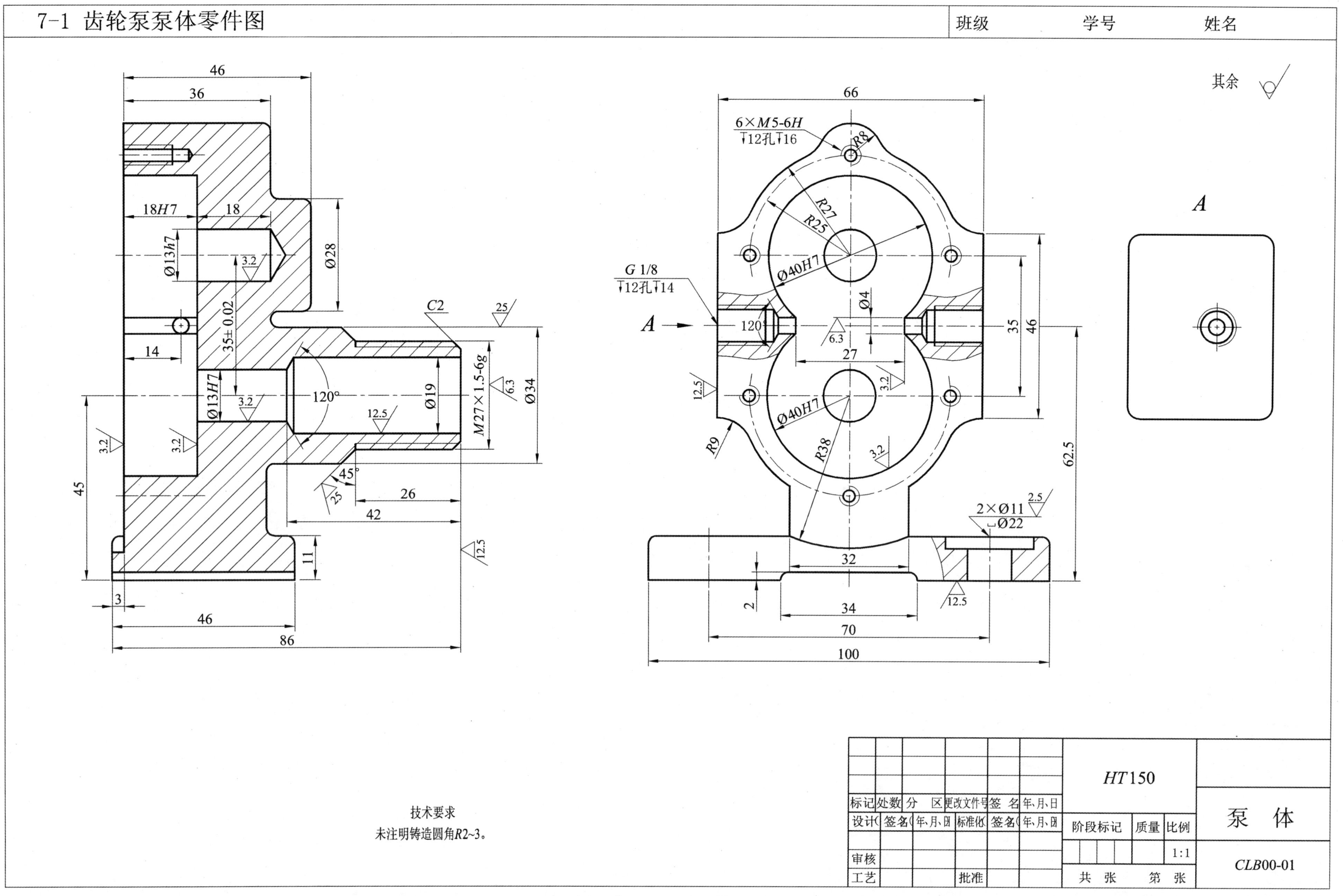

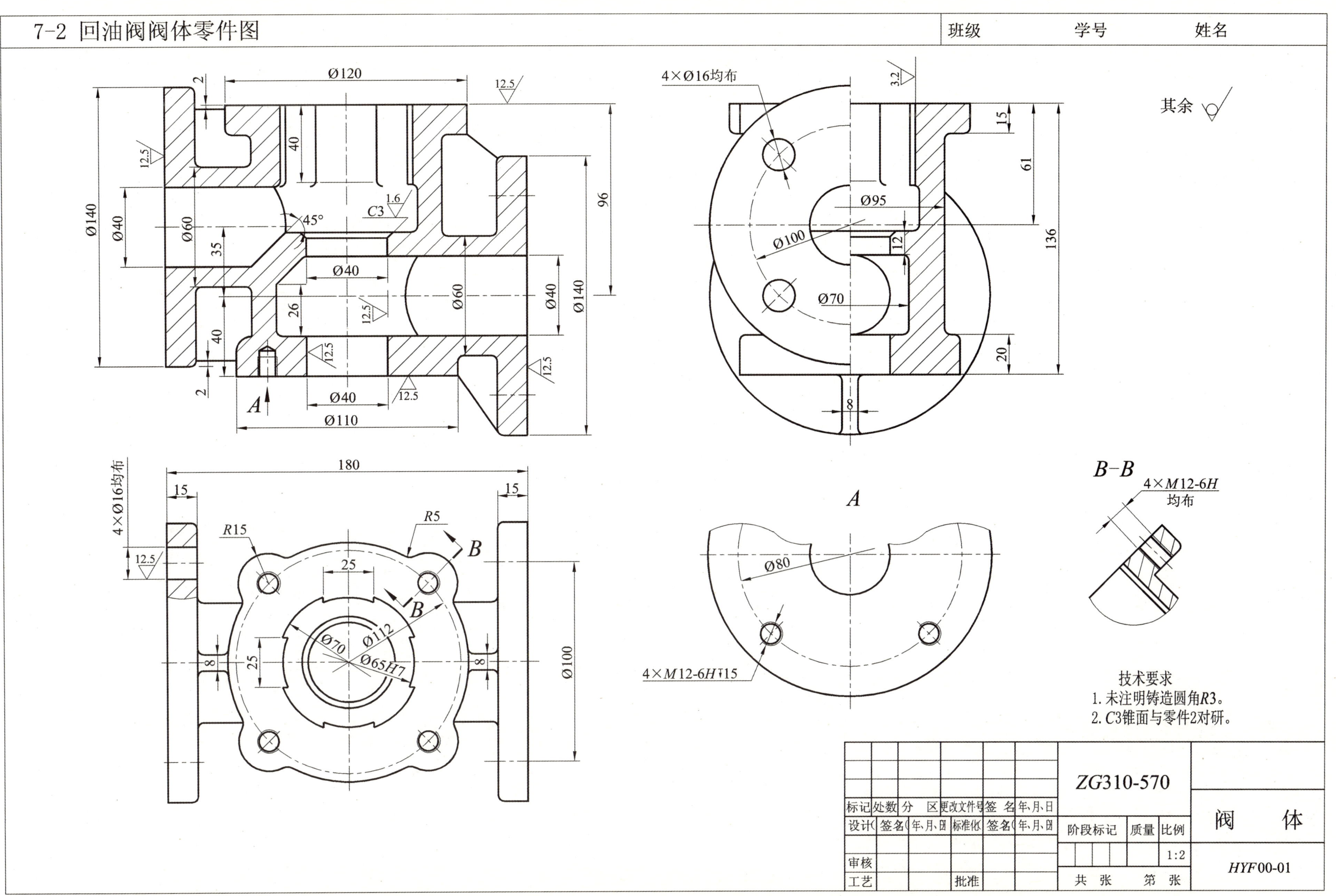

7-2 回油阀阀体零件图
班级
学号
姓名
其余
4×Ø16均布
A
B-B
4×M12-6H
均布
4×M12-6H↧15
技术要求
1. 未注明铸造圆角R3。
2. C3锥面与零件2对研。
ZG310-570
阀　体
HYF00-01
标记
处数
分　区
更改文件号
签　名
年、月、日
设计
标准化
阶段标记
质量
比例
1:2
审核
工艺
批准
共　张
第　张

8-1 齿轮泵装配示意图

班级　　　　学号　　　　姓名

根据齿轮泵示意图及其零件图，绘制齿轮泵装配图（用1:1比例）

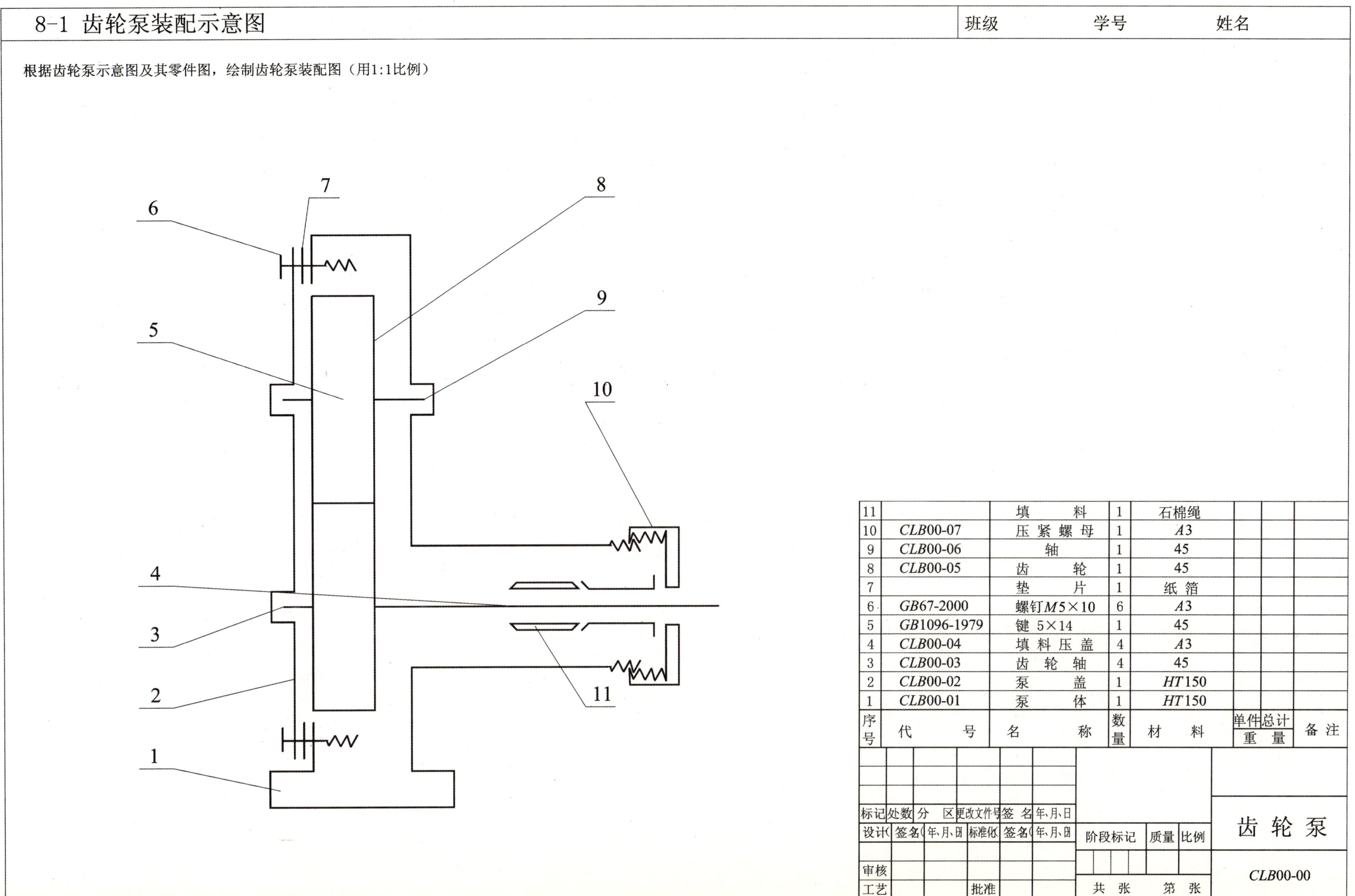

序号	代号	名称	数量	材料	单件 重量	总计 重量	备注
11		填料	1	石棉绳			
10	CLB00-07	压紧螺母	1	A3			
9	CLB00-06	轴	1	45			
8	CLB00-05	齿轮	1	45			
7		垫片	1	纸箔			
6	GB67-2000	螺钉M5×10	6	A3			
5	GB1096-1979	键 5×14	1	45			
4	CLB00-04	填料压盖	4	A3			
3	CLB00-03	齿轮轴	4	45			
2	CLB00-02	泵盖	1	HT150			
1	CLB00-01	泵体	1	HT150			

8-2 齿轮泵零件图1

班级　　学号　　姓名

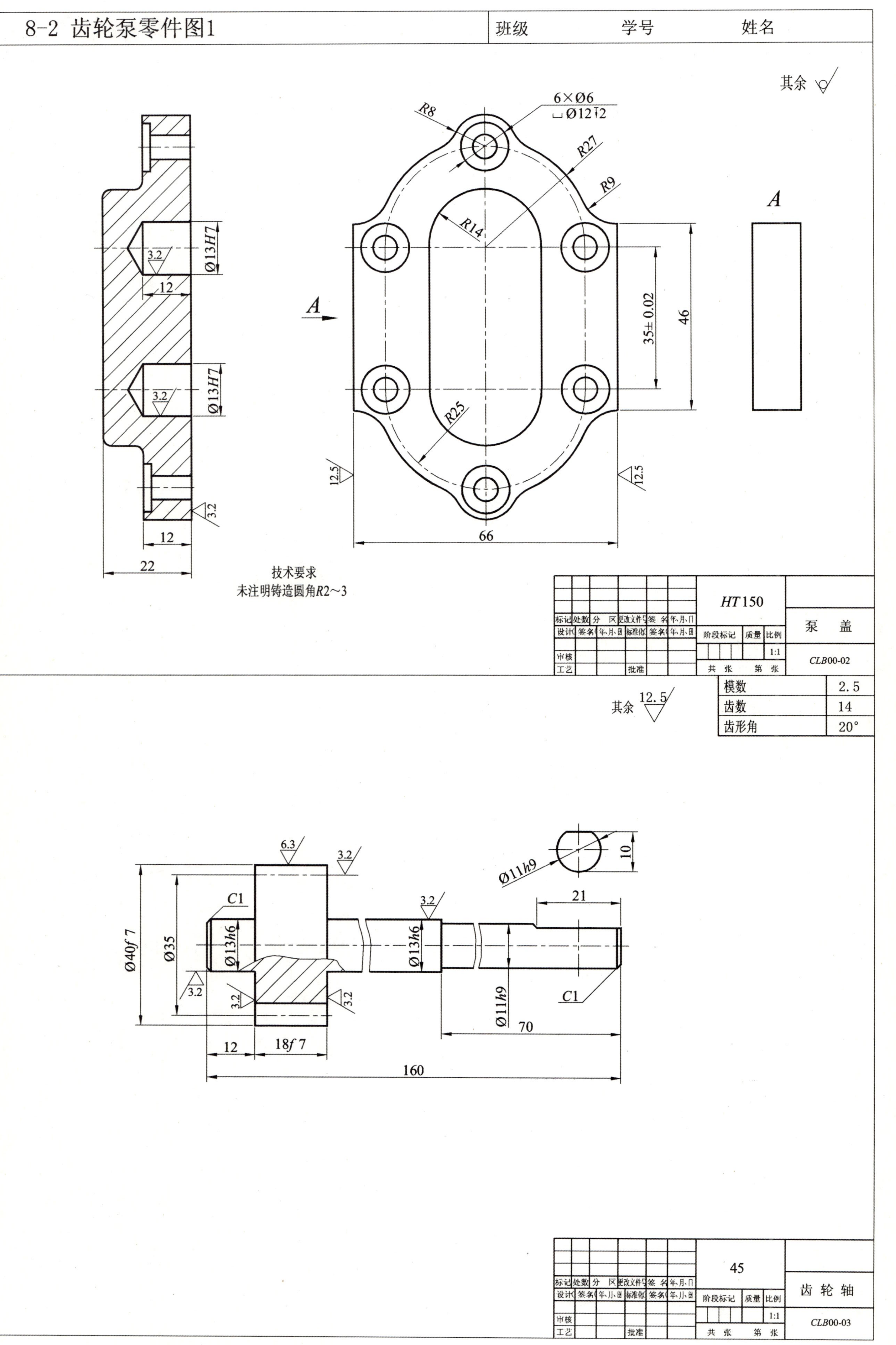

 班级 姓名

其余 12.5
120°
Ø18
Ø14
Ø22
2
25
A3
填料压盖
CLB00-04
其余 12.5
模数 2.5
齿数 14
齿形角 20°
6.3
5JS9
Ø13H7
15.3
Ø35
Ø40f7
18f7
45
齿 轮
CLB00-05
其余 12.5
6.3
5N9
10
14
3.2
C1
C1
Ø13h6
40
10
45
轴
CLB00-06
30°
其余 12.5
Ø28
Ø14
M27×1.5-6H
35
4.5
20
25
45
压紧螺母
CLB00-07

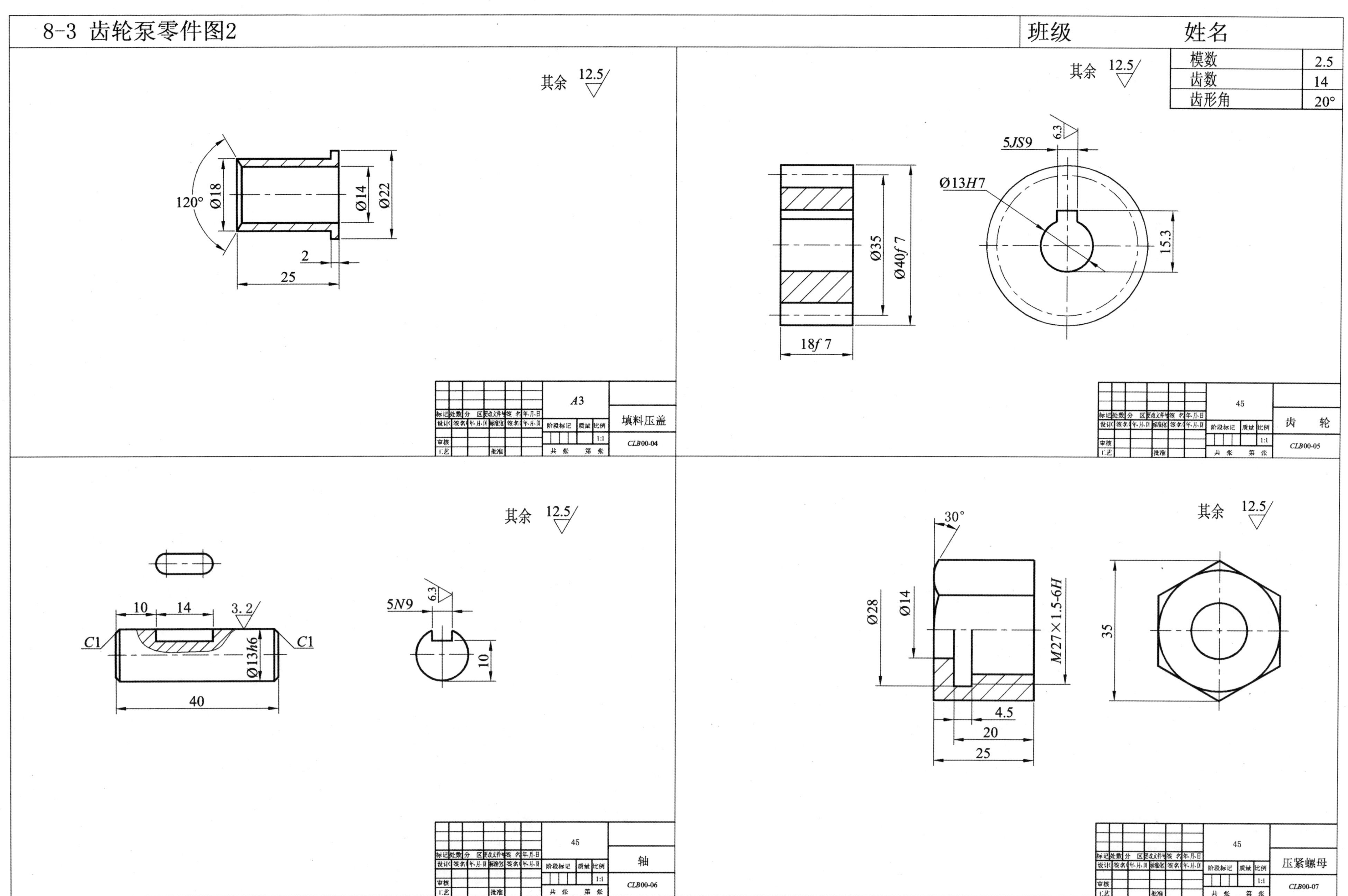

8-4 回油阀装配示意图

班级　　　　学号　　　　姓名

根据回油阀的装配示意图及其零件图，绘出回油阀的装配图（用 1:1比例）

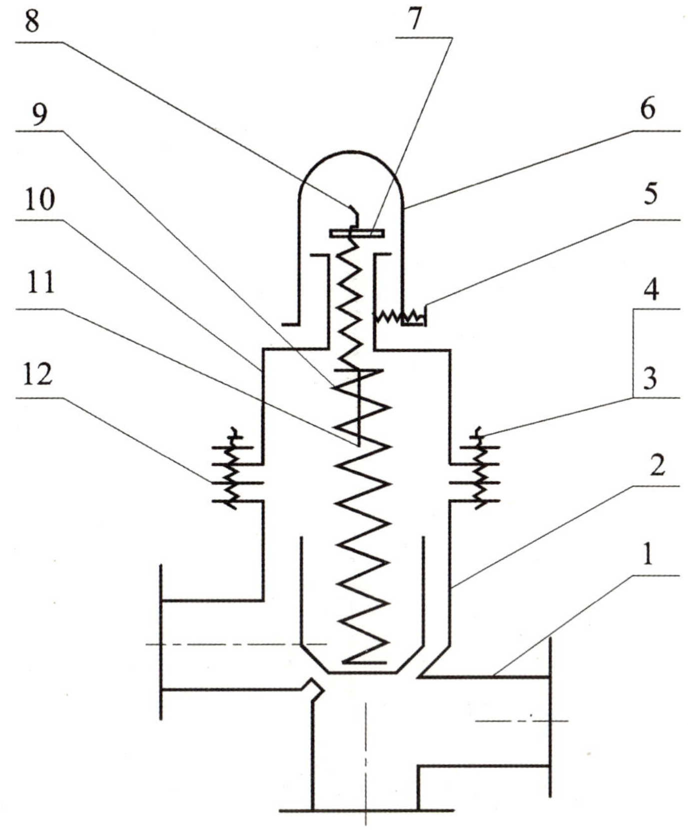

回油阀说明

回油阀是供油管路上的装置。在正常工作时，阀门2靠弹簧9的压力处在关闭位置，此时油从阀体右孔流入，经阀体下部的孔进入导管。当导管中油压增高超过弹簧压力时，阀门被顶开，油就顺阀体左端孔经另一导管流回油箱，以保证管路的安全。弹簧压力的大小靠螺杆8来调节，为防止螺杆松动，在螺杆上部用螺母7拧紧。罩子6用来保护螺杆。阀门两侧有小圆孔，其作用是使进入阀门内腔的油流出来。阀门的内腔底部有螺孔，是供拆卸用的，阀体1与阀盖10是用4个螺柱连接的，中间装有垫片12以防漏油。

序号	代号	名称	数量	材料	单件重量	总计重量	备注
12	HYF00-08	垫片	1	硬橡皮			
11	HYF00-07	弹簧垫片	1	黄铜			
10	HYF00-06	阀盖	1	ZG310-570			
9	HYF00-05	弹簧	1	65Mn			
8	HYF00-04	螺杆	1	35			
7	GB6170-2000	螺母M6	1	A3			
6	HYF00-03	罩子	1	HT250			
5	GB75-1985	螺钉M6×16	1	A3			
4	GB6170-2000	螺母M12	4	A3			
3	GB899-1988	螺柱M12×35	4	A3			
2	HYF00-02	阀门	1	黄铜			
1	HYF00-01	阀体	1	ZG310-570			

标记	处数	分区	更改文件号	签名	年、月、日				回油阀
设计	(签名)	(年、月、日)	标准化	(签名)	(年、月、日)	阶段标记	质量	比例	
审核									HYF00-00
工艺		批准				共　张		第　张	

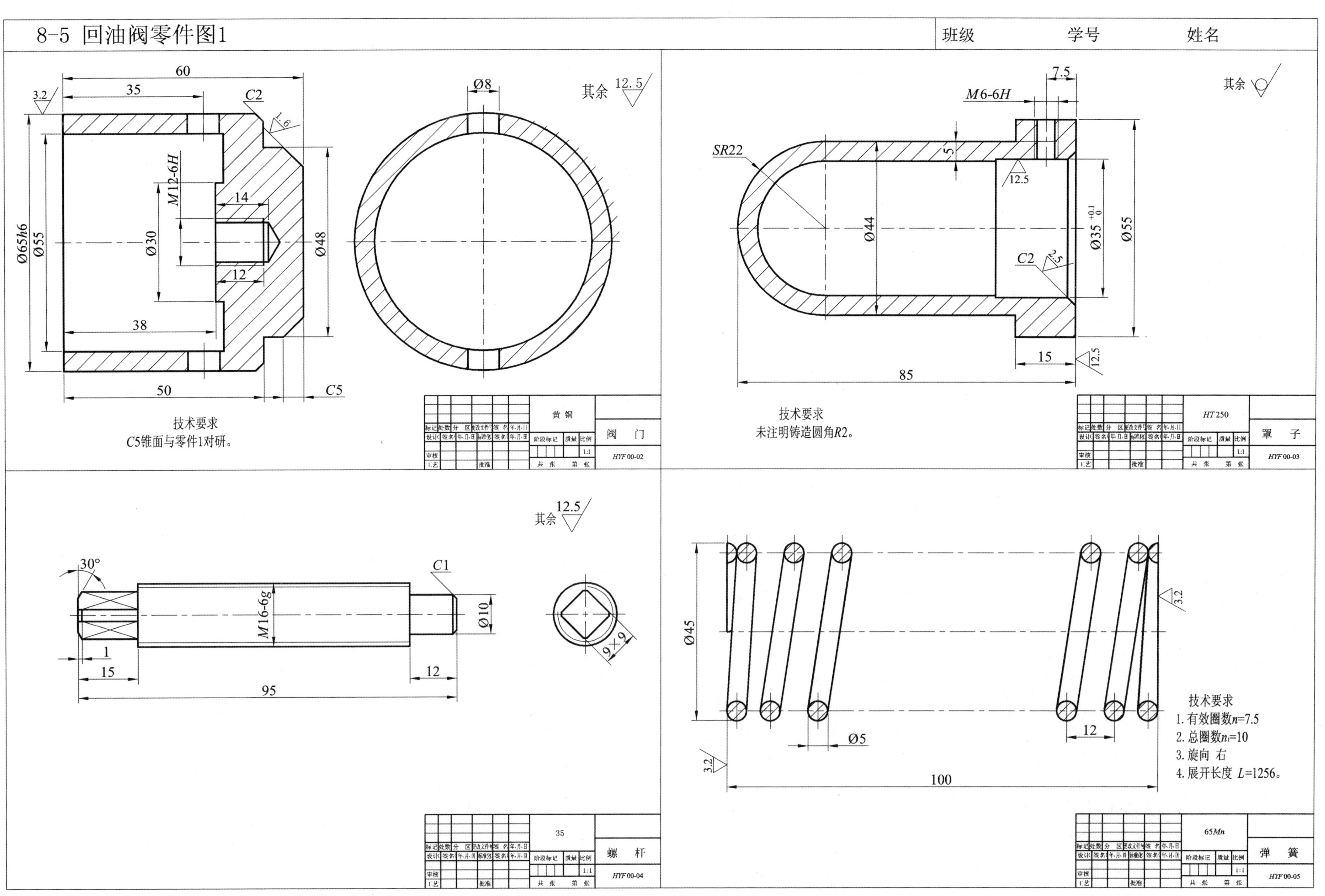
8-5 回油阀零件图1
班级
学号
姓名
其余 12.5
技术要求
C5锥面与零件1对研。
黄铜
阀 门
HYF00-02
其余
技术要求
未注明铸造圆角R2。
HT250
罩 子
HYF00-03
其余 12.5
35
螺 杆
HYF00-04
技术要求
1. 有效圈数n=7.5
2. 总圈数n₁=10
3. 旋向 右
4. 展开长度 L=1256。
65Mn
弹 簧
HYF00-05

8-6 回油阀零件图2

班级　　　学号　　　姓名

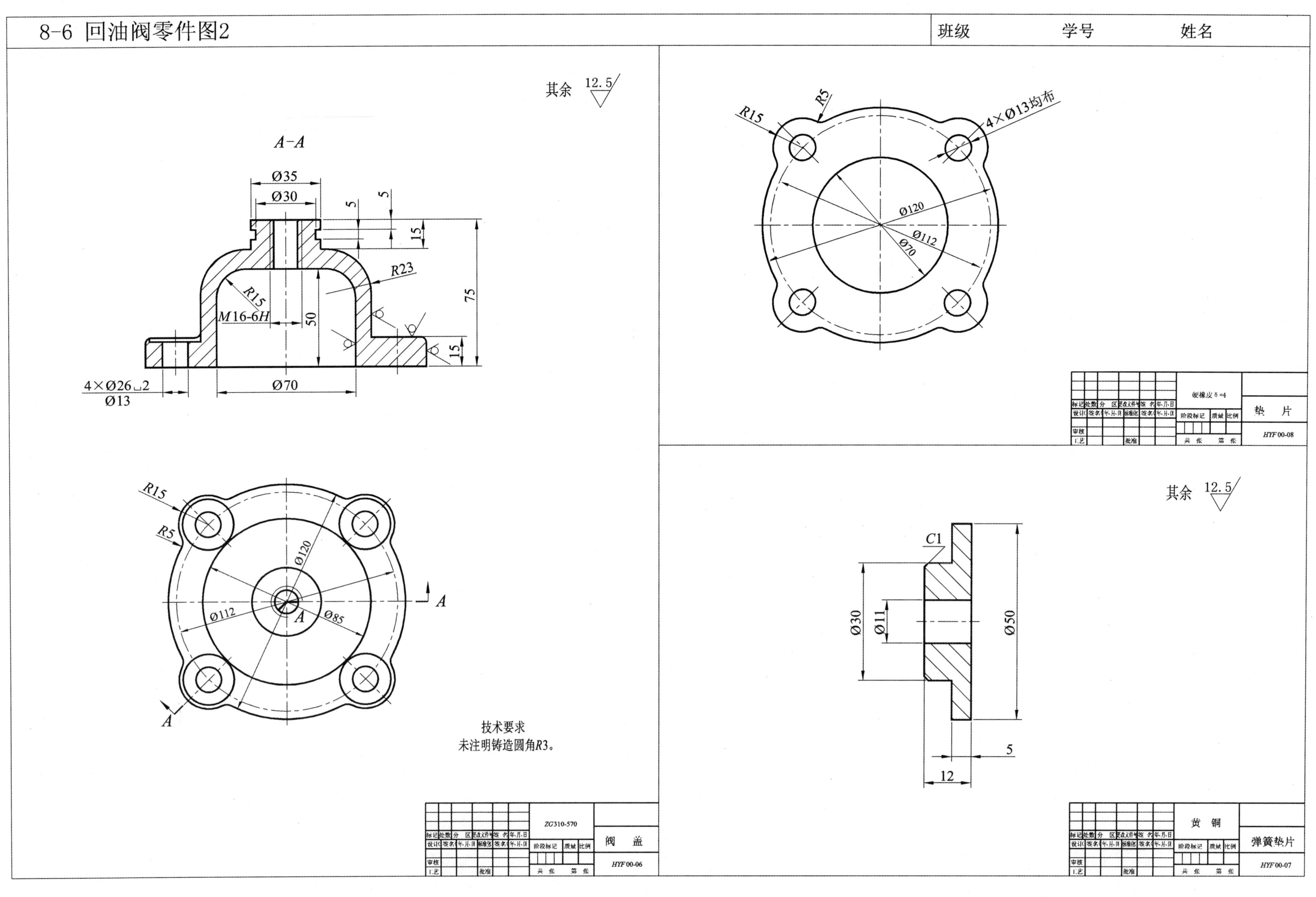

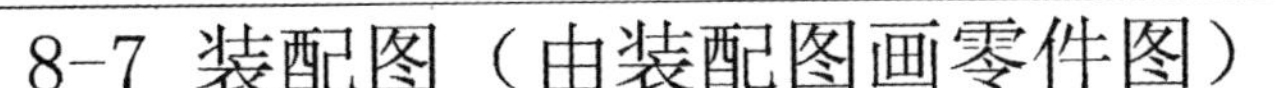

8-7 装配图（由装配图画零件图）

班级　　学号　　姓名

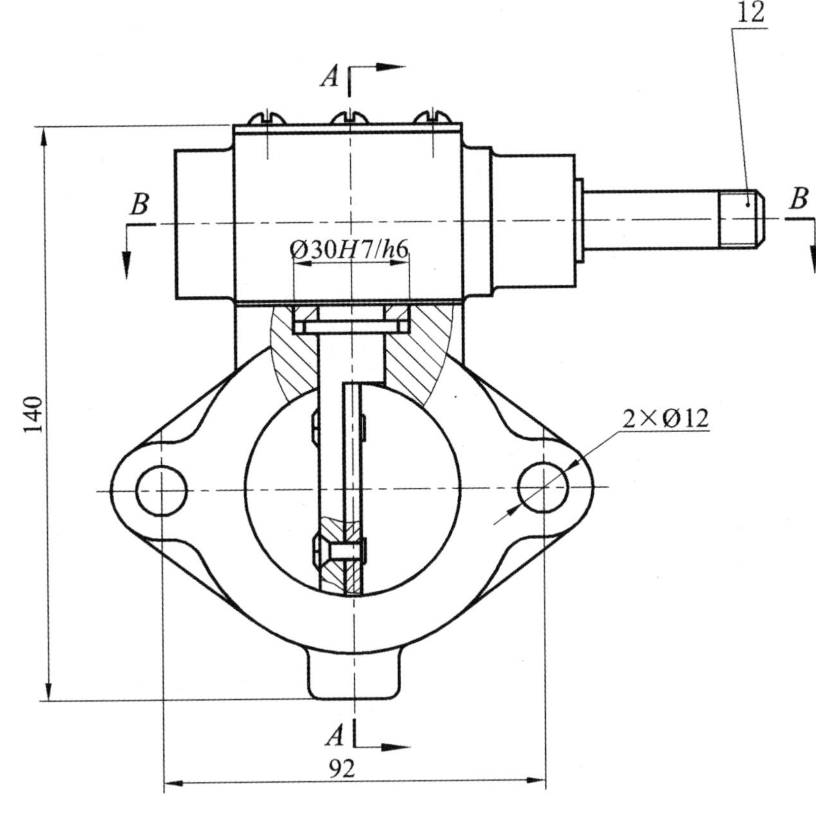

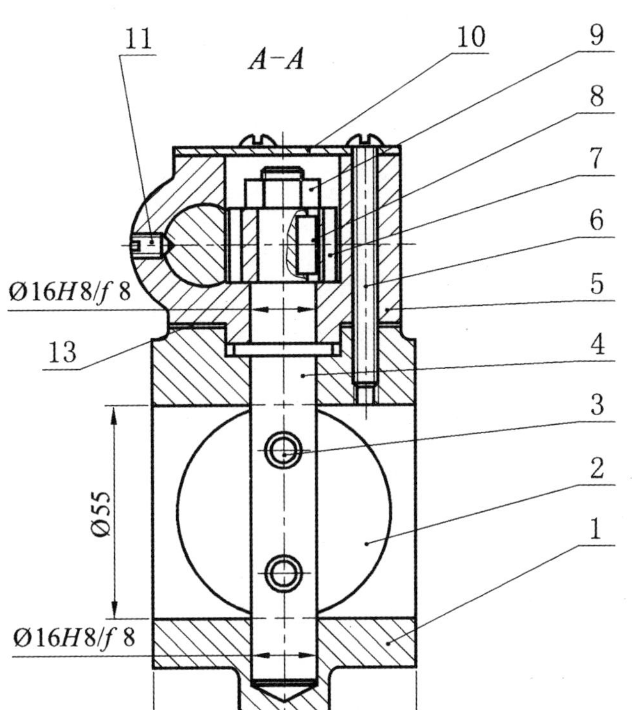

B-B

158

读图问题

1. 各零件是怎样连接和固定的？
2. 各零件的装拆顺序？
3. 主要零件阀体、阀盖的结构形状？

工作原理说明

蝴蝶阀是管道上用来截断气流的一种阀门，当外力推动齿杆左右移动时，与齿杆啮合的齿轮就带动阀杆旋转，使阀门开启或关闭。

序号	代号	名称	数量	材料	单件重量	总计重量	备注
13		垫片	1	工业用纸			
12		齿杆	1	45			
11	GB71-1985	紧定螺钉M6×10	1	35			
10		盖板	1	A3			
9	GB6170-2000	螺母M10	1	35			
8	GB1096-2003	键4×4×14	1	45			
7		齿轮	1	45			
6	GB67-2000	螺钉M6×60	3	35			
5		阀盖	1	HT18-36			
4		阀杆	1	45			
3		锥头铆钉	2	A3			
2		阀门	1	A3			
1		阀体	1	HT18-36			

标记	处数	分区	更改文件号	签名	年、月、日				
设计	(签名)	(年、月、日)	标准化	(签名)	(年、月、日)	阶段标记	质量	比例	蝴蝶阀
审核									
工艺			批准			共 张	第 张		